高等院校纺织服装类"十三五"规划教材

总主编 张祖芳

服装成衣制作工艺

APPAREL MAKING AND TECHNIQUES

主　编　朱奕　肖平
副主编　胡贞华　胡雅丽

中国海洋大学出版社

·青岛·

图书在版编目（CIP）数据

服装成衣制作工艺 / 朱奕，肖平主编． — 青岛：中国海洋大学出版社，2019.3

ISBN 978-7-5670-2168-6

Ⅰ．①服… Ⅱ．①朱… ②肖… Ⅲ．①服装缝制－高等学校－教材 Ⅳ．① TS941.63

中国版本图书馆 CIP 数据核字(2019)第 067429 号

出版发行	中国海洋大学出版社		
社　　址	青岛市香港东路 23 号	邮政编码	266071
出版人	杨立敏		
策划人	王　炬		
网　　址	http://pub.ouc.edu.cn		
电子信箱	tushubianjibu@126.com		
订购电话	021-51085016		
责任编辑	由元春	电　　话	0532-85902495
印　　制	上海长鹰印刷厂		
版　　次	2019 年 9 月第 1 版		
印　　次	2019 年 9 月第 1 次印刷		
成品尺寸	210 mm×270 mm		
印　　张	7		
字　　数	161 千		
印　　数	1～6000		
定　　价	52.00 元		

前　言

服装成衣制作工艺是国内外相关高等院校服装专业的必修课程。服装设计是一个过程，将设计与创意通过二维的样板，再通过成衣制作工艺才能形成一个最终的三维结果，故服装成衣制作工艺是极为重要又不可替代的专业课程。该课程一般包括服装制作基础、单服装制作工艺和夹服装制作工艺等，贯穿了服装专业的整个学习过程。

本课程的教学目的在于：从学习的基础性角度出发，帮助学生了解与掌握服装成衣制作工艺过程的相关知识与内容以及工艺的意义和作用；但更重要的是，从操作的实用性角度提升学生的实际动手能力，让学生掌握从服装的部件到成衣的缝制，使之明确工艺流程间的联系，将多种工艺手法进行有机结合，形成系统的技术结构，从而增强学生的专业综合素质以及对相关工作的驾驭能力。

服装工艺制作是服装款式设计和结构设计的延续及最终体现，其工艺及流程是否合理、严谨，关乎服装成品的质量和成衣生产的效率。因此，编者在对国内外服装生产领域的各种工艺技术进行分析与总结的基础上，比较详细与规范地阐述了服装成衣制作工艺的相关知识、服装缝制的操作步骤与方法。

在编写的过程中，考虑到教材的可读性与趣味性，全书的编写从成衣工艺的基础知识到服装的具体制作，用逐步分解、循序渐进的方法向读者一一展示。另外，采用图主文辅的方式，清晰地将工艺过程呈现给读者，方便读者学习与对照参考。故本教材对于成衣制作爱好者来说，也具有较高的参考价值。

在教材编撰的过程中，陈益松、余晓虎、杨兰、蔡婷婷协助拍摄，裴婷进行了图片的后期处理，并且本书的编写还得到了东华大学服装学院张祖芳教授的专业指导与帮助，在此对他们一并表示衷心感谢。由于作者水平有限，书中不当之处在所难免，恳请广大读者给予批评指正。

编者
2019 年 3 月

内容简介

　　本书针对当前服装工程专业高等教育的要求和任务，认真总结近年来服装成衣制作工艺课程的教学经验及企业实战经验，将课程的理论科学性和技术实践性融为一体，是服装设计与工程专业、服装设计专业以及相关专业的专业基础用书。

　　本书共5章，分别为工缝机操作基础知识、常用车缝基础工艺、服装基本部件制作、单服装制作和夹服装制作。从缝纫机操作、基础工艺知识贯穿到部件制作、单服装制作、夹服装制作，体现了从局部至整体的综合教学，并系统性地结合了企业实际操作和学校理论教学，以便于学生掌握、融会贯通。

建议课时安排

建议总学时：112

章　节	内　容	理论教学	课内实训
第 1 章	工缝机操作基础知识	2	2
第 2 章	常用车缝基础工艺	6	12
第 3 章	服装基本部件制作	6	12
第 4 章	单服装制作	12	24
第 5 章	夹服装制作	12	24

目　录

第1章 工缝机操作基础知识

工缝机是所有缝制设备中最常用的，对初学者来说，如何正确地使用工缝机是学习服装制作的第一步。

第1节 正确的姿势

1.1 坐姿

用工缝机进行缝制时要注意坐姿，坐姿不正确则很难保证缝制的质量。坐姿从开始缝制时就要注意，否则长期不正确的姿势会对人体的骨骼和肌肉造成伤害，加大操作者的工作疲劳度。

① 调节座椅高度使之与身高相符。

② 身体的中心与机针一致（图 1-1-1）。

③ 机台与身体之间有两个拳头的距离（图 1-1-2）。

图 1-1-1

图 1-1-2

1.2 脚部的动作

① 脚在踏板上的位置（图 1-1-3）。
② 脚踏踏板的动作（图 1-1-4）。

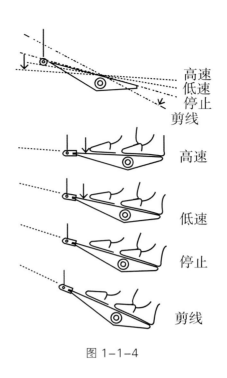

图 1-1-4

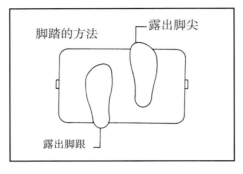

图 1-1-3

1.3 膝盖的动作

右腿膝盖靠近压脚连杆圆垫（图 1-1-5）。

遵守以上原则并结合手、脚、膝盖的运动，接下来就可以进行缝制动作的练习了。

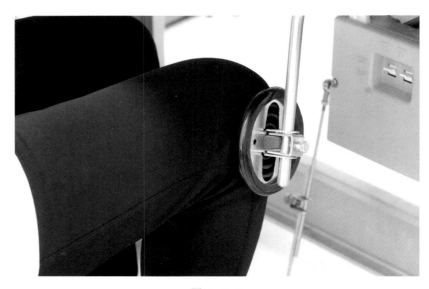

图 1-1-5

第 2 节　装针、倒底线和穿线

2.1 装针

装针步骤如下：

① 转动飞轮，使针杆位于最高处。

② 右手持一字螺丝刀，左手轻轻扶住螺丝刀头部，转松螺丝。

③ 左手拇指和食指捏针。

④ 将左手中的针尾插入针棒中。

⑤ 转动机针使长槽面向正左面（图1-2-1）。

⑥ 左手将针往上顶到底，右手拧紧螺丝（图1-2-2）。

⑦ 右手持一字螺丝刀，左手轻轻扶住螺丝刀头部，拧紧螺丝（图1-2-3）。

⑧ 确认针的长槽在正左面。

注意：针安装的方式不正确，会导致断线、断针、跳针的现象。

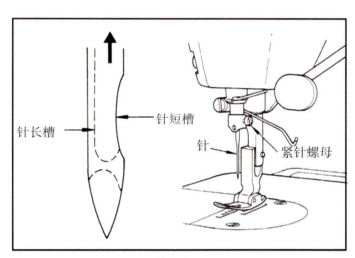

图 1-2-1

图 1-2-2

图 1-2-3

2.2 倒底线

① 把压脚扳手从 A 位置扳到 B 位置（图 1-2-4）。

② 倒底线（图 1-2-5）。

③ 梭芯装入梭壳（图 1-2-6）。

④ 梭芯中线的方向，把线穿过梭壳的穿线口 A，然后把线往 C 方向拉，从线张力弹簧下面的穿线口 B 拉出来（图 1-2-7）。

⑤ 装梭壳（图 1-2-8）。

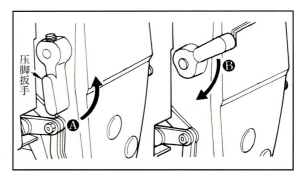

图 1-2-4

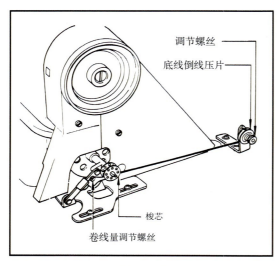

图 1-2-5

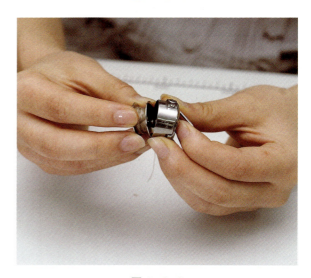

图 1-2-6

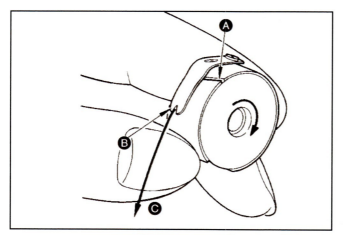

图 1-2-7

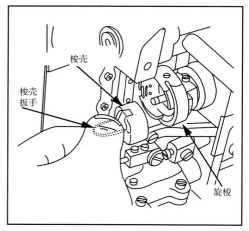

图 1-2-8

2.3 穿线

工缝机上线穿线的方法如图 1-2-9 所示。

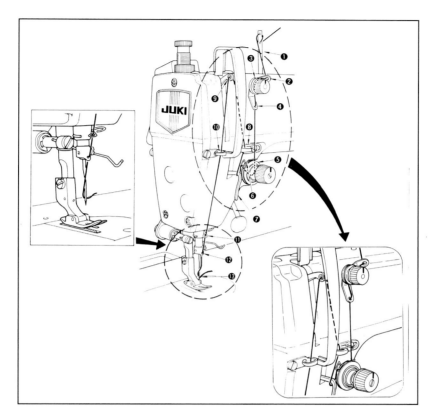

图 1-2-9

第 3 节 工缝机的调节

3.1 针距的调节

按下送布拨杆，转动送布调节刻度盘，调节到合适的针距。刻度盘上数据 1 到 5 代表针距依次增大（图 1-3-1）。

一般使用的是 2 ~ 3 档，临时假缝时拨到第 5 档。

3.2 线迹松紧的调节

① 面线的松紧调节如图 1-3-2 所示。

② 底线的松紧调节如图 1-3-3 所示。

图 1-3-1

图 1-3-2

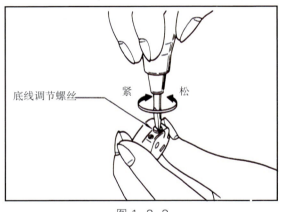

图 1-3-3

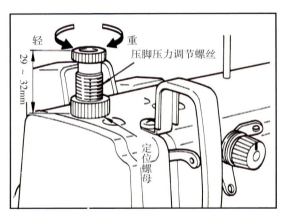

图 1-3-4

3.3 压脚张力的调节

压脚压力：

2kg = 40mm；

3kg = 36.5mm；

4kg = 32mm；

5kg = 29mm。

压脚压力调节螺丝一般高度（从顶点量）是 29 ~ 32mm 之间比较适当，丝绒等绒质特殊面料则需要调松。

调节压脚压力时，先将下面的定位螺母拧松，调节完上面的压力调节螺丝至适当位置后，再拧紧下面的定位螺母（图 1-3-4）。

以上都是最常用的一些工缝机的参数调节，若需要其他如挑线量、踏板角度、送布牙高度等参数的调节，可以参考缝纫机的使用说明书。

第2章　常用车缝基础工艺

第1节　车缝前的准备

1.1 基本缝制工具

（1）压脚及其分类。

为了提高缝制质量和效率以及适应一些特殊面料，可以使用一些功能性的压脚（图2-1-1）。如：

① 单边压脚，主要可以缝制高低缝的止口、隐形拉链等。

② 卷边压脚，主要用于卷弧形下摆，有0.3cm、0.5cm、0.8cm等几种规格。

③ 窄边压脚，主要可以缝制西裤拉链等较窄小的部位。

④ 隐形拉链压脚，一般仅用于缝制隐形拉链。

⑤ 塑料压脚，主要用于皮质服装的缝制。

⑥ 高低压脚(止口压脚)，主要用于缝制高低缝的止口,有缝左专用、右专用、左右专用三种。

图 2-1-1

（2）缝制工具。

缝制工具有裁剪剪刀、纱剪刀、锥子、拆线器、划粉、皮尺、钢尺、镊子（图2-1-2）。

① 裁剪剪刀主要用于布料的裁剪。

② 纱剪刀主要用于修剪接缝和贴边、手工作业或精确剪切。

③锥子主要用于在布料上刺小孔以确定纽孔、省尖、袋口等位置。

④拆线器可以将贴近布料的地方将缝缉线切断，便于拆除。

⑤划粉用于在布面上勾勒样板的轮廓线，便于裁剪。一般划粉的颜色与布料的颜色越接近越好。

⑥皮尺用于丈量或校准衣片、衣身各部位的尺寸。

⑦钢尺用于量取或校准在缝纫桌面或熨烫桌面上衣片袋口、衣领缺嘴等的精细尺寸。

⑧镊子常用于顶出衣角、领角等有角度的尖端部位，使其能完全翻出，便于熨烫和整形；也常用于在缝纫过程中推送布料。

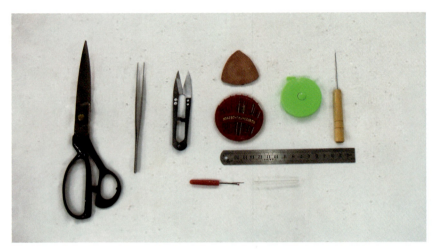

图 2-1-2

1.2 针、线、面料的配伍关系

针、线、面料的相互关系较为复杂，表2-1简单地罗列了它们的配伍关系。

表 2-1　针、线与面料的配伍关系

机针（号）	缝纫线（支）	面料
7～8	100	极薄织物：尼龙丝绸
9～10	80	薄织物：尼丝纺、乔其纱、巴里纱、双绉等
11～12	60	普通织物：平纹布、薄毛织物、麻、织锦缎等
13～14	40～50	中厚织物：卡其、中厚毛织物等
16	30～40	牛仔布、防水布等
18	20～30	塑料布、窗帘布、沙发布等
19	10～20	皮靴、帆布等
20～21	10	皮靴、帐篷等

1.3 排料、划样与裁剪

（1）单件服装的面料排料。

将面料预处理后，对折叠放，正面相对。排料时需注意以下几点：

① 面料的方向性，如丝绒、灯芯绒等图案以及轧光处理过的面料，光泽或图案有方向性，则排料时不能有倒顺，否则会造成成衣有色差。

② 按工艺要求，样板的布纹线与面料经向布纹线一致。

③ 条格面料要对条对格。

④ 先排大片，再排小片，临近的衣片尽可能相邻排，所有衣片一顺排。

另外，里料、粘衬的排料原则可以参考面料的排料。

（2）划样。

根据样板画样板轮廓线，划粉垂直于布面，做好对位记号。画错的线条要拍干净或做划掉的记号，以防剪错（图 2-1-3）。

（3）裁剪。

根据划样裁剪，保证剪刀刀刃与布面垂直，在衣片边缘处的对位记号打刀眼。

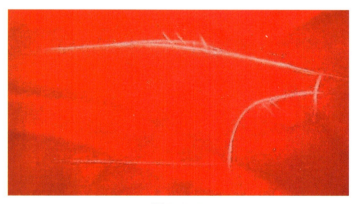

图 2-1-3

第 2 节　基本缝型

2.1 平缝

成品图，如图 2-2-1 所示。

（1）平缝劈烫。

① 画有缝份（1cm）的布边分别拷边，正面相对放置（图 2-2-2）。

② 在反面上缉线，首末倒回针，缝份劈开烫（图 2-2-3）。

（2）平缝折烫。

①画有缝份（1cm）的布边正面相对放置（图2-2-4）。

②在反面上缉线，首末倒回针，锁缝，缝份折边倒烫（图2-2-5）。

平缝的用途介绍及规范制图见表2-2。

平缝劈烫　　　　　　平缝折烫

图 2-2-1

图 2-2-2

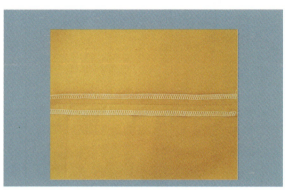

图 2-2-3

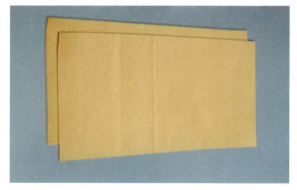

图 2-2-4

图 2-2-5

表 2-2　平缝的用途与规范制图

缝型名称	用途	规范制图
平缝劈烫	常规衣片的缝合；上衣的肩缝、侧缝，袖子的内外缝，裤子的侧缝、下档缝等	
平缝折烫		

2.2 来去缝

成品图，如图 2-2-6、图 2-2-7 所示。

① 画有缝份（1cm）的布片反面相对放置（图 2-2-8）。

② 距边缘 0.3 ~ 0.4cm 缉明线（注意修光布边毛屑）（图 2-2-9）。

③ 将两块布片正面相对后缉 0.5 ~ 0.6cm 的缝份（注意正面没有明线）（图 2-2-10）。

来去缝的用途介绍及规范制图见表 2-3。

图 2-2-6

图 2-2-7

图 2-2-8

图 2-2-9

图 2-2-10

表 2-3　来去缝的用途与规范制图

缝型名称	用途	规范制图
来去缝	丝绸等薄料服装	

2.3 滚包缝

成品图，如图 2-2-11 所示。

① 缝份大小不一样的两块布片正面相对放置（上层布片的缝份是 0.5cm，底层布片的缝份是上层布片的 3 倍，约 1.5cm）（图 2-2-12）。

② 底层面料缝份先折烫 0.5cm，再折烫 0.5cm，重叠在上层缝份上（图 2-2-13）。

③ 在反面缉明线，首末倒回针（图 2-2-14）。

滚包缝的用途介绍及规范制图见表 2-4。

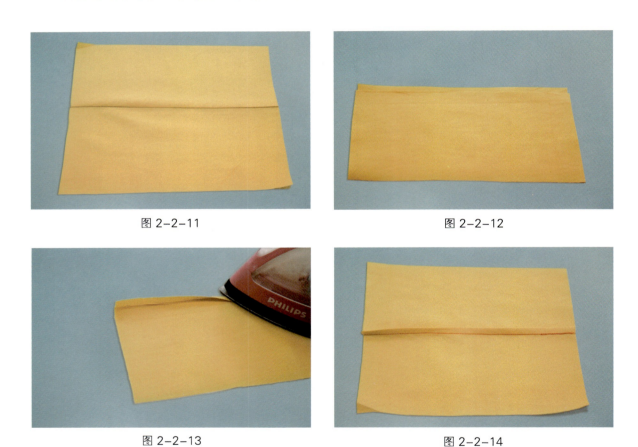

图 2-2-11

图 2-2-12

图 2-2-13

图 2-2-14

表 2-4　滚包缝的用途与规范制图

缝型名称	用途	规范制图
滚包缝	用于薄料服装的包边	

2.4 内包缝

成品图，如图 2-2-15 所示。

① 缝份大小不一样的两块布片正面相对放置（底层缝份是上层缝份的 2 倍）（图 2-2-16）。

② 在反面按包缝宽度做成包缝，缉 0.1cm 的明线（图 2-2-17 至图 2-2-19）。

③ 折烫上层面料，正面缉 0.4cm 明线（0.6cm、0.8cm、1.2cm 等）（图 2-2-20），则正面一根面线，反面两根底线。

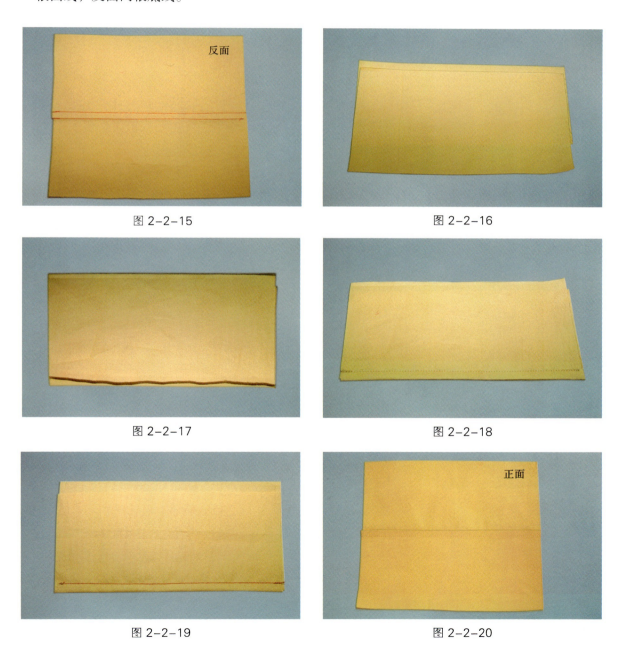

图 2-2-15　　　　　　　　　　　图 2-2-16

图 2-2-17　　　　　　　　　　　图 2-2-18

图 2-2-19　　　　　　　　　　　图 2-2-20

内包缝的用途介绍及规范制图见表 2-5。

表 2-5　内包缝的用途与规范制图

缝型名称	用途	规范制图
内包缝	用于肩缝、侧缝、袖缝等	

2.5 外包缝

成品图，如图 2-2-21、图 2-2-22 所示。

① 缝份大小不一样的两块布片反面相对放置（底层缝份是上层缝份的 2 倍）（图 2-2-23）。

② 折烫下层面料，在正面按包缝宽度做成包缝，距包缝的边缘缉 0.1cm 明线（图 2-2-24 至图 2-2-26）。

图 2-2-21

图 2-2-22

图 2-2-23

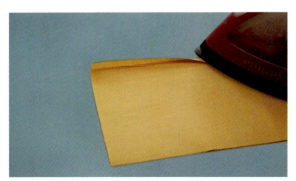

图 2-2-24

③ 折烫上层面料，正面绲 0.4cm 明线
（0.6cm、0.8cm、1.2cm 等）（图 2-2-27），
正面两根线（一根面线、一根底线），反面一
根底线。

外包缝的用途介绍及规范制图见表 2-6。

图 2-2-25

图 2-2-26

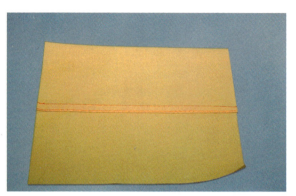

图 2-2-27

表 2-6　外包缝的用途与规范制图

缝型名称	用途	规范制图
外包缝	用于西裤、夹克衫的侧缝	

2.6 扣压缝

成品图，如图 2-2-28、图 2-2-29 所示。

图 2-2-28

图 2-2-29

① 上层布片折烫缝份 1cm，正面放置在底层布片的缝份上（图 2-2-30、图 2-2-31）。

② 在上层布片上缉 0.1cm 的明线（图 2-2-32 至图 2-2-34）。

扣压缝的用途介绍及规范制图见表 2-7。

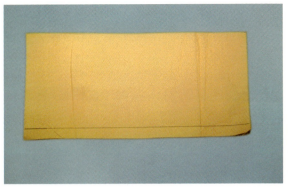

图 2-2-30

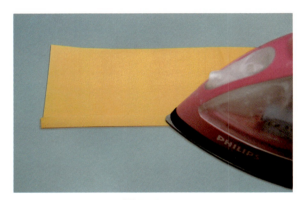

图 2-2-31

图 2-2-32

图 2-2-33

图 2-2-34

表 2-7　扣压缝的用途与规范制图

缝型名称	用途	规范制图
扣压缝	用于男装的侧缝，衬衫的覆肩、贴袋等部位	

2.7 分压缝

成品图，如图 2-2-35 所示。

① 缝份大小相同的两块布片正面相对放置，在反面上缉线，折边熨烫（图 2-2-36 至图 2-2-38）。

② 在折边平缝的基础上，在正面上加压一道明线（图 2-2-39、图 2-2-40）。

分压缝的用途介绍及规范制图见表 2-8。

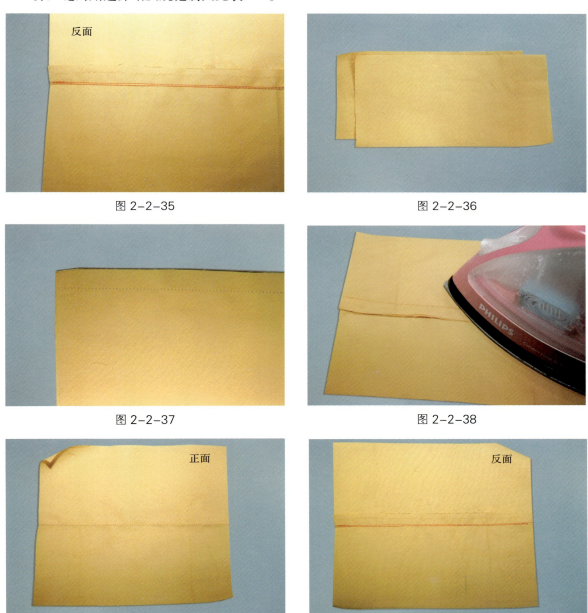

图 2-2-35　　　　　　　　　　　　　　　　　图 2-2-36

图 2-2-37　　　　　　　　　　　　　　　　　图 2-2-38

图 2-2-39　　　　　　　　　　　　　　　　　图 2-2-40

表 2-8　分压缝的用途与规范制图

缝型名称	用途	规范制图
分压缝	用于裤裆缝、内袖缝等	

2.8 搭接缝

成品图，如图 2-2-41、图 2-2-42 所示。

① 缝份大小相同的两块布片拼接的缝份重叠放置（图 2-2-43）。

② 在缝份中间缉一道明线（图 2-2-44）。

搭接缝的用途介绍及规范制图见表 2-9。

图 2-2-41

图 2-2-42

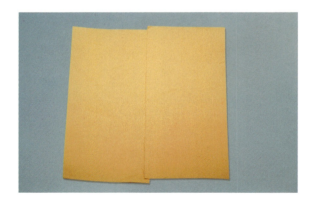

图 2-2-43

图 2-2-44

表 2-9　搭接缝的用途与规范制图

缝型名称	用途	规范制图
搭接缝	用于拼接衬布	

第 3 节　缝制要领

3.1 平缝缝制的操作要领

两片衣片平缝时，下片衣片由于直接受送布牙的推送走得较快，上层衣片受压脚的阻力而走得较慢，初学者在缝制时常产生上层长出来的现象。因此在平缝时，为保持平衡、松紧一致，左手应稍推上层、右手稍稍拉下层，使上下两层衣片处于平衡状态，同步前进（图2-3-1）。

3.2 起针与收针

起针可从衣片一端的 1.2cm 处开始，然后回针到头，再顺针向前缝制。收针可以回针，也可以将面底线打结，特别是缉省道的省尖点时要用打结的方式，这样正面看时省尖点处比较平服（图 2-3-2 至图 2-3-5）。

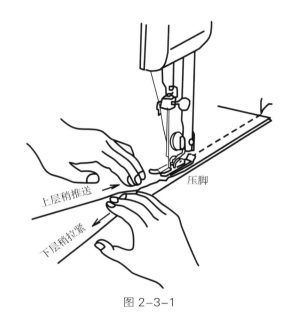

上层稍推送　　压脚

下层稍拉紧

图 2-3-1

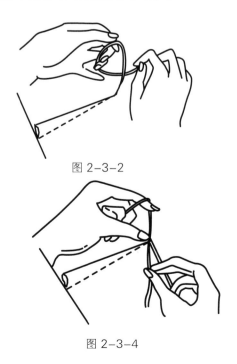

图 2-3-2

图 2-3-4

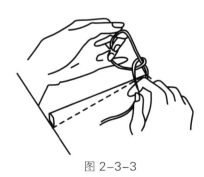

图 2-3-3

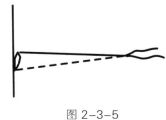

图 2-3-5

3.3 缝份的修剪

缝制衣角、领角等处时，为了翻过来平服，缝份可以修成阶梯缝，一般为：

① 贴近外层的缝份为 0.3cm，靠里层的缝份为 0.6cm（图 2-3-6）。

② 转角的缝份要斜向剪角（图 2-3-7）。

③ 锐角处要沿两边斜剪，紧贴缝线，以便于角的翻转（图 2-3-8）。

④ 弧状的缝份要均等地剪刀口，使之不被牵绊（图 2-3-9）。

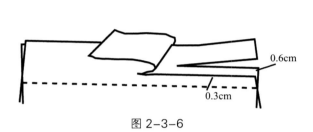

图 2-3-6

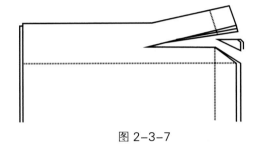

图 2-3-7

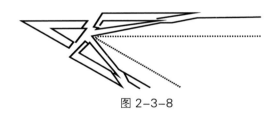

图 2-3-8

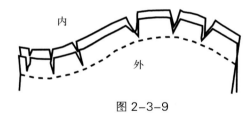

图 2-3-9

第3章 服装基本部件制作

第1节 袖衩

1.1 滴水衩

（1）成品效果，如图3-1-1所示。

（2）制作准备，包括开衩布片、衩垫布，如图3-1-2所示。

（3）制作步骤。

① 开衩布、垫布正面相对，画出开衩位置（图3-1-3）。

② 绕开衩标志线来回车缝一圈，线迹宽度为0.2～0.3cm（图3-1-4）。

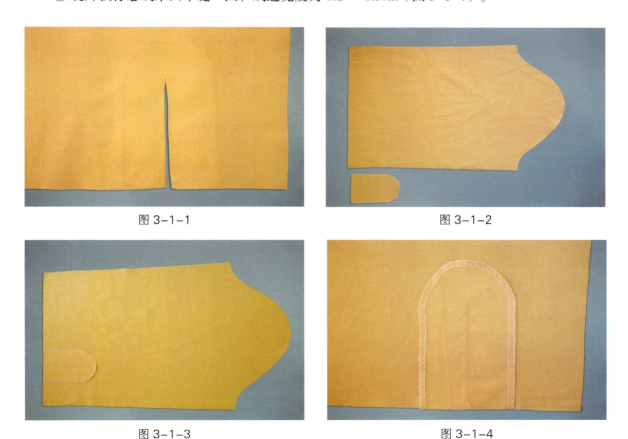

图3-1-1   图3-1-2

图3-1-3   图3-1-4

③ 袖衩开口剪开，沿开衩位置中心线剪开至开衩止点，注意不能剪断缝线（图 3-1-5）。

④ 将垫布从剪开线中翻至开衩布正面，整烫平整（图 3-1-6、图 3-1-7）。

⑤ 沿开衩两侧止口缉明线 0.1cm 固定（图 3-1-1）。

正面

图 3-1-5

反面

图 3-1-6

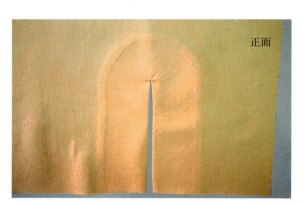

正面

图 3-1-7

1.2 滚边衩

（1）成品效果，如图 3-1-8 所示。

（2）制作准备，包括袖片、袖衩条，如图 3-1-9 所示。

图 3-1-8

图 3-1-9

（3）制作步骤。

① 确定袖衩位置，并画好袖衩长度，从袖口处开始沿袖衩标记线剪至袖衩止点前0.2cm，如图 3-1-10 所示，再剪三角。

② 将袖衩条折烫，注意正面一侧略窄于反面一侧，即烫出里外匀（图 3-1-11）。

③ 将袖衩剪口拉成一条直线，袖衩条包住袖衩边，沿边缉 0.1cm 明止口线，袖衩正面缝制在衣袖正面上，注意袖衩剪口顶端必须缝住（图 3-1-12）。

④ 修剪袖衩多余长度（图 3-1-13）。

⑤ 将袖衩正面相对，边缘对齐。于止点处对折，斜向车缝反面袖衩条三角，并打倒回针（图 3-1-14）。成品完成，其效果图如图3-1-8 所示。

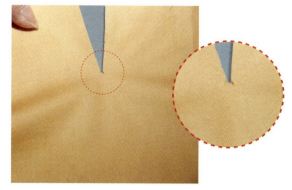

图 3-1-10

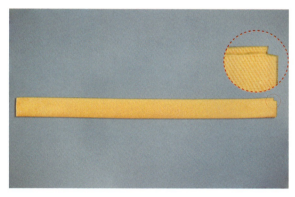

图 3-1-11

图 3-1-12

图 3-1-13

图 3-1-14

1.3 宝剑头衩

常用于男、女衬衫中，适合于不易变形和不易脱丝的面料。

（1）成品正面效果如图 3-1-15，反面效果如图 3-1-16。

图 3-1-15　　　　　　　　　　　　　图 3-1-16

（2）制作准备。

① 袖片，确定好开衩位置和长度（图 3-1-17）。

② 大袖衩、小袖衩（图 3-1-18）。

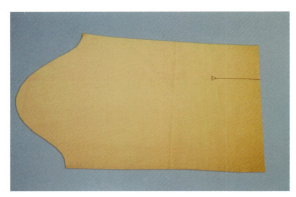

图 3-1-17　　　　　　　　　　　　　图 3-1-18

（3）制作步骤。

① 折烫袖衩。

按净样板折烫大袖衩（开衩门襟）：

a. 反面对折烫，如图 3-1-19。

b. 长边折烫 1cm，如图 3-1-20。

c. 沿着第一次折烫线对折，如图 3-1-21。

d. 将短边的布料包住长边熨烫，利用面料的厚度，烫出里外匀，如图 3-1-22，正面如图 3-1-23。

e. 如图 3-1-24 所示位置剪入 1cm 深的开口，折烫里袖衩的上端边，如图 3-1-25。

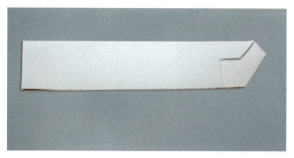

图 3-1-19

图 3-1-20

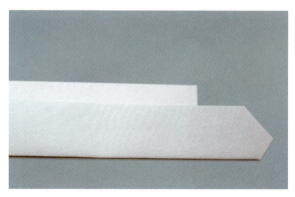

图 3-1-21

图 3-1-22

图 3-1-23

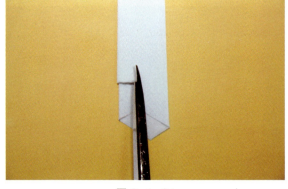

图 3-1-24

图 3-1-25

f. 宝剑头两边分别反面折烫 1cm，如图 3-1-26、图 3-1-27，注意宝剑头为等腰三角形。

g. 大袖衩折烫成品，如图 3-1-28。

图 3-1-26　　　　　　　图 3-1-27　　　　　　　　　　图 3-1-28

折烫小袖衩（开衩里襟）：制作方法与滚边折烫的方法相同，如图 3-1-29 至图 3-1-31；大、小袖衩成品，如图 3-1-32。

图 3-1-29　　　　　　　　　　　　　　图 3-1-30

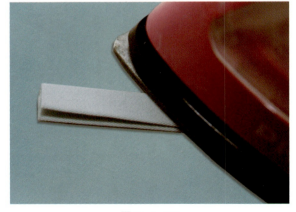 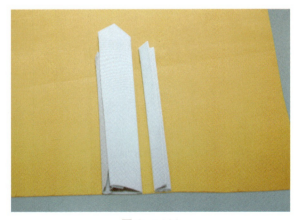

图 3-1-31　　　　　　　　　　　　　　图 3-1-32

② 车缝小袖衩。

a. 在袖片的正面沿着开衩的形状，剪 Y 形三角（图 3-1-33），将三角向上折烫（图 3-1-34）。

b. 小袖衩的反面中心线与袖片正面上的开衩线对准放置，将三角的底边与袖衩缝合（图 3-1-35）；从袖片正面看效果，如图 3-1-36。

c. 将袖片开衩左边顺放进小袖衩（图 3-1-37）；从侧面看效果，如图 3-1-38。

d. 沿开衩里襟边缘从开衩止点至袖口边缘车缝 0.1cm 止口，如图 3-1-39、图 3-1-40。

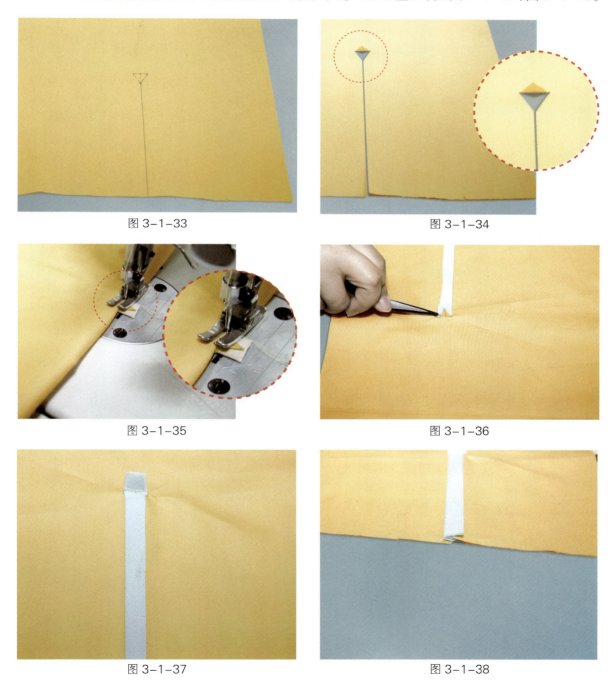

图 3-1-33　　　　　　　　　　　　　　图 3-1-34

图 3-1-35　　　　　　　　　　　　　　图 3-1-36

图 3-1-37　　　　　　　　　　　　　　图 3-1-38

图 3-1-39

图 3-1-40

③ 车缝大袖衩。

大袖衩反面中心线对准小袖衩正面中心线，将开衩一边顺放进大袖衩，如图 3-1-41 所示开始车缝固定大袖衩与袖片；按照图 3-1-42、图 3-1-43、图 3-1-44、图 3-1-45 流程线路顺序在正面缉 0.1cm 明止口线；掀起大袖衩，可以看见小袖衩如图 3-1-46，成品如图 3-1-47。注意左右袖片的袖衩缝制路线方向相反。

④ 熨烫整理袖衩。

图 3-1-41

图 3-1-42

图 3-1-43

图 3-1-44

图 3-1-45

图 3-1-46

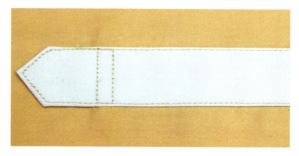

图 3-1-47

第 2 节　领

2.1 贴边式领口领

（1）成品效果，如图 3-2-1 至图 3-2-3
所示。

（2）制作准备。

在前、后贴边反面粘衬（图 3-2-4）。

图 3-2-1

图 3-2-2

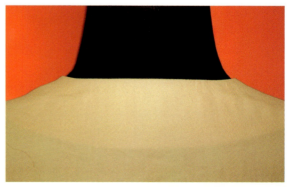

图 3-2-3

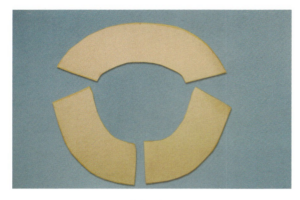

图 3-2-4

图 3-2-5

图 3-2-6

图 3-2-7

（3）制作步骤。

①领圈贴边肩缝处拼合，缝份劈开烫平（图 3-2-5）；将贴边外侧锁缝（图 3-2-6）。

②衣身领口与衣领贴边正面相对，按照肩缝对位点对齐，沿领口净缝线车缝一圈（图 3-2-7、图 3-2-8）；修剪领圈缝份至 0.3cm，在圆弧处适当打剪口。

③将贴边翻至正面，熨烫里外匀 0.1cm，领贴边比领口边小 0.1cm（图 3-2-9）。注意门里襟领口角的平服与对称。

④在领贴边正面沿领止口缉 0.1cm 分压缝暗止口线，衣领正面看不到该线，其作用是增加领贴边服帖程度，使贴边布不外露（图 3-2-10）；领贴边缝份与衣身肩缝相应处固定。

⑤在弧形烫馒上熨烫整理（图 3-2-11）。

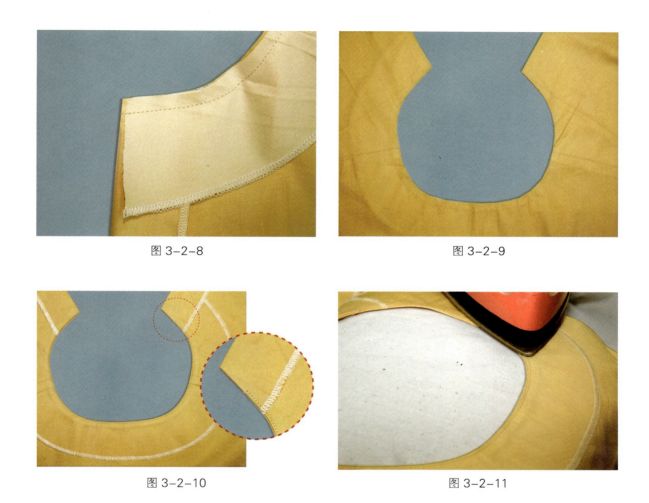

图 3-2-8

图 3-2-9

图 3-2-10

图 3-2-11

2.2 女式衬衫领

（1）成品效果，如图 3-2-12 至图 3-2-14 所示。

图 3-2-12

图 3-2-13

图 3-2-14

（2）制作准备：衣身领口、领面、领里、领面衬。

（3）制作步骤。

① 领里粘衬。将领面、领里正面相对车缝（图3-2-15），注意对位点对齐，领角要有窝势、里外匀（图3-2-16）。

② 修剪领子的缝份。领角缝份修至0.3cm（图3-2-17），其余部分修成阶梯缝，领面的缝份是0.3cm，领里的缝份是0.6cm（图3-2-18）。

③ 将衣领缝份按缝线折起熨烫（图3-2-19），然后翻至正面、熨烫整理，对折检查衣领对称性、里外匀和翻折层势（图3-2-20）。

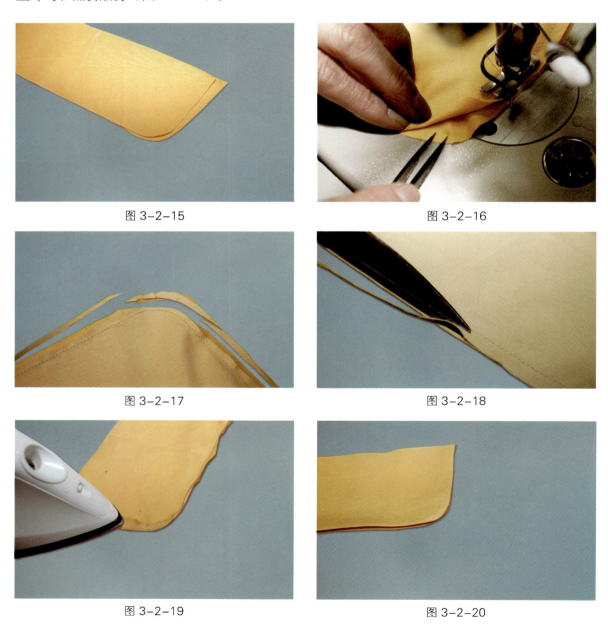

图3-2-15

图3-2-16

图3-2-17

图3-2-18

图3-2-19

图3-2-20

④ 将衣领放在门襟领圈转角处，衣领下口与领圈弧线对齐（图 3-2-21）。

⑤ 挂面按门襟线向衣片正面折转，衣领按对位点对齐夹在中间，再次确认领下口与衣身领圈放齐。从门襟翻折处开始车缝，刀眼对齐；缝至距门襟贴边边缘 3 ~ 4cm 处停止，打倒回针（图 3-2-22）。

⑥ 在缝止点处将挂面、领面、领里、衣身四层一起打剪口（图 3-2-23）。

⑦ 在门襟领圈转角处打剪口（图 3-2-24）。

图 3-2-21

图 3-2-22

图 3-2-23

图 3-2-24

⑧ 掀开最上面挂面和领面两层，领里与衣身沿领圈缝至另一头（图 3-2-25）。

⑨ 将挂面翻至正面，挂面缝份塞入衣领并与领口缝份对齐，领面下口从剪口处按净缝线折进盖住挂面（图 3-2-26）。

⑩ 沿领口边缘缉 0.1cm 明止口线压缝领面下口（图 3-2-27）。

⑪ 熨烫整理，检查左右领角、门襟转角大小和形状是否一致（图 3-2-28）。

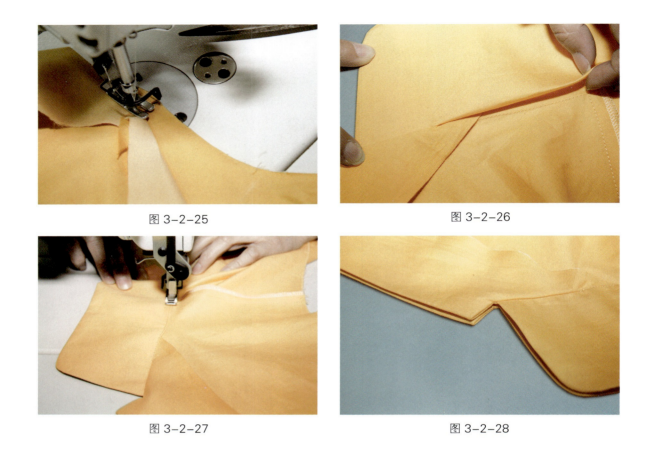

图 3-2-25

图 3-2-26

图 3-2-27

图 3-2-28

2.3 男式衬衫领

（1）成品效果，如图 3-2-29 至图 3-2-31 所示。

（2）制作准备：衣身领口、翻领面、翻领里、领座面、领座里、翻领净样板、翻领衬、领座净样板、领座衬。

图 3-2-29

图 3-2-30

图 3-2-31

（3）制作步骤。

① 翻领里、领座里分别粘衬，衬比面每边各小 0.2cm 左右（图 3-2-32）。

② 翻领面、翻领里正面相对，沿着领外口净线车缝。在车缝过程中，翻领里边缘拉出 0.2cm，使领角处形成面松里紧的状态（图 3-2-33、图 3-2-34）；比对翻领左右领角的形状，确认形状对称后将缝份劈开烫，修剪翻领面缝份至 0.5cm，领角缝份修剪如图 3-2-35，可参考缝份的修剪部分。

③ 将翻领翻至正面熨烫，领角处用镊子顶出（图 3-2-36）。翻领时注意领外口的里外匀称，再次比对两领角的形状、大小的一致（图 3-2-37）。

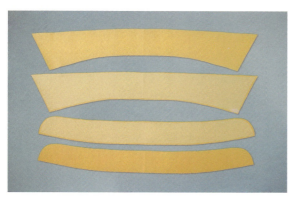

图 3-2-32

图 3-2-33

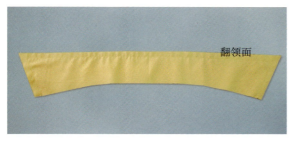

图 3-2-34

图 3-2-35

图 3-2-36

图 3-2-37

④ 在翻领面正面缉 0.5cm 明线（图 3-2-38）。

⑤ 领座面、里正面相对，将已做好的翻领按照对位记号放入领座面、里之间，车缝翻领与领座，比对领座左右领角对称、翻领外口长度相等。修剪缝份，翻转领座至正面，熨烫平服，具体方法同翻领。然后将领座面下口按净缝线折烫 1cm，距领座外口与翻领的对位点 2cm 的位置处沿领座上口缉 0.1cm 明止口线一圈（图 3-2-39）。

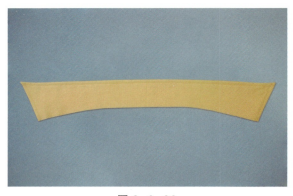

图 3-2-38

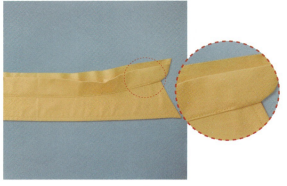

图 3-2-39

图 3-2-40

图 3-2-41

⑥ 领座里与衣片正面相对，对准前领点、肩缝颈侧点、后领中心点，沿净样线车缝，然后修剪缝份至 0.5cm（图 3-2-40）。

⑦ 将领座面翻下盖住缝合线，从前步骤 2cm 处开始沿折边车缝固定，缉 0.1cm 明止口线一圈（图 3-2-41）。

⑧ 翻立领完成效果，如图 3-2-42。

图 3-2-42

第 3 节　袋

3.1 贴袋

常用于衬衫、牛仔裤等服装上。

（1）成品效果，如图 3-3-1 所示。

（2）制作准备：前衣片、口袋布、口袋样板、袋口衬。

（3）制作步骤。

① 口袋布袋口粘衬（图 3-3-2）。

② 袋口贴边先折烫 1cm，然后按净样板折烫，沿着口袋净样板折烫口袋各边的缝份。注意口袋左右对称，缝份不外露（图 3-3-3）。

③ 在袋口贴边正面沿着净线缉 0.1cm 明线（图 3-3-4）。

图 3-3-1

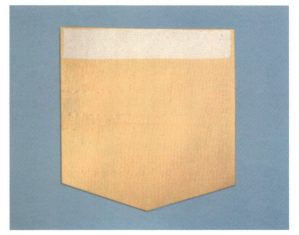

图 3-3-2

图 3-3-3

图 3-3-4

④ 在前衣片上确定口袋位置的对位点，将袋布放置在衣片对位点上，按照图 3-3-5 所示路线缉 0.1cm 明线，袋口处稍留空隙，以保证着装后袋布的平整，此外注意不能接线。

3.2 风琴袋

（1）成品效果，如图 3-3-6 所示。

（2）制作准备，包括口袋布、袋侧布，如图 3-3-7。

（3）制作步骤。

① 袋侧布与口袋布正面相对车缝（图 3-3-8）。

② 缝至袋底两角时，将袋侧布剪剪口，拉转袋侧布继续沿口袋布净样线车缝（图 3-3-9）。

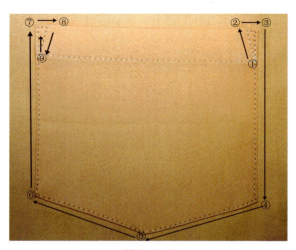

图 3-3-5

图 3-3-6

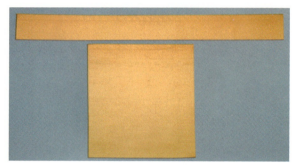

图 3-3-7

图 3-3-8

图 3-3-9

③ 修剪袋角（图 3-3-10）。

④ 翻折袋口缉止口线，沿口袋立体外边缘缉 0.1cm 明止口线（图 3-3-11）。

⑤ 在衣片上确定口袋的位置（图 3-3-12）。

⑥ 折烫袋侧布边缝份，将袋布对准衣片上的袋位（图 3-3-13），沿口袋侧边与底边缉 0.1cm 明止口线（图 3-3-14），效果如图 3-3-15。

⑦ 将袋上口两端的口袋内外边缘叠合在一起，加固车缝 4 ~ 5 针（图 3-3-16）。

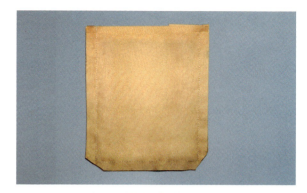

图 3-3-10

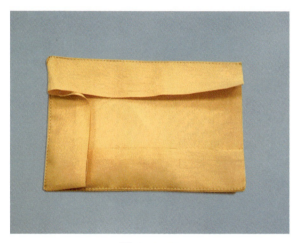

图 3-3-11

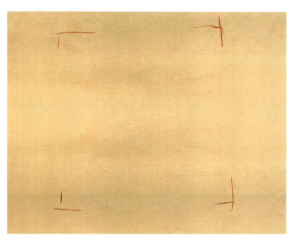

图 3-3-12

图 3-3-13

图 3-3-14

图 3-3-15

图 3-3-16

3.3 双嵌线袋

（1）成品效果，如图 3-3-17 所示。

（2）制作准备：衣片、口袋面布、口袋里布、嵌线布、衬。

（3）制作步骤。

① 嵌线布反面粘衬，注意衬的布纹方向与嵌线布一致，如图 3-3-18。

② 按照图 3-3-19 所示在嵌线布反面画出距布边 1cm 的线和间隔 2cm 的线，然后从正面依线先折烫 1cm，再折烫 2cm，如图 3-3-20。

图 3-3-17

图 3-3-18

图 3-3-19

图 3-3-20

③ 在衣片上确定好袋位，画袋口定位线，注意上下定位线的宽度是嵌线宽度的一倍，左右定位线是袋口的宽度，在其反面粘衬，如图3-3-21。

④ 将袋嵌线布正面与衣片正面相对，折好的一边与袋口定位下线对齐（图3-3-22），另一边与袋口定位上线对齐，嵌线中心与袋口定位线中心一致，在嵌线布上确定袋口宽度（图3-3-23）。

⑤ 按袋口长度沿着嵌线折边缉线（图3-3-24）。

⑥ 掀起袋嵌线折边下边，在另一折边缘缉线（图3-3-25），注意衣片反面呈现两条长度相等的平行缝线，平行宽度即为嵌线宽（图3-3-26）。

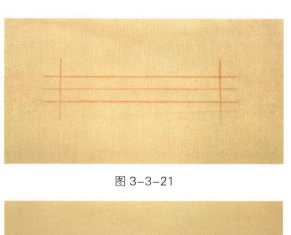

图 3-3-21

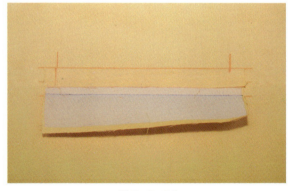

图 3-3-22

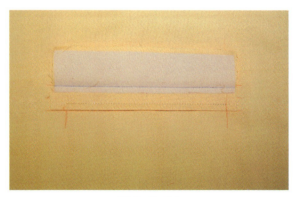

图 3-3-23

图 3-3-24

图 3-3-25

图 3-3-26

图 3-3-27

⑦ 掀起袋嵌线，沿着两条缝线的中心线剪开至袋口位止点 1cm。注意袋布与袋嵌线一起剪开，然后袋口两端剪 Y 型三角，同时注意不能剪断缝线（图 3-3-27）。

⑧ 将袋嵌线从剪开的衣片袋口翻转到衣片反面，并熨烫平服，注意袋口的里外匀。拉紧袋口两端三角，车缝固定三角布与嵌条，再车回针，缝 2 ～ 3 道线固定（图 3-3-28）。

⑨ 将袋布面与袋嵌线下端、袋布里与袋嵌线上端分别正面相对车缝，并熨烫平服（图 3-3-29）。

⑩ 掀开衣片，从袋布上口经过三角布缝合袋面布和袋里布（图 3-3-30），袋底两角缝成圆弧状，以防袋底灰尘堆积（图 3-3-31）。

图 3-3-28

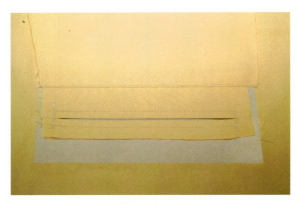

图 3-3-29

图 3-3-30

图 3-3-31

3.4 单嵌线袋

（1）成品效果，如图 3-3-32 所示。

（2）制作准备：前衣片、口袋布面、口袋布里、袋嵌线、袋垫、衬。

（3）制作步骤。

① 在衣片上确定口袋的位置与尺寸，在其反面粘衬（图 3-3-33）。

② 袋嵌线反面粘衬后折烫，缝上衣片袋位处，缉两根袋口宽度线，注意嵌线宽窄一致，衣片反面呈现两条平行线（图 3-3-34）。

③ 从袋口中心将嵌条与衣片一起剪开至离袋口左右两端 1cm 位置处，再向两个直角处剪 Y 型三角，注意剪到位，同时避免剪断缝线（图 3-3-35）。

图 3-3-32

图 3-3-33

图 3-3-34

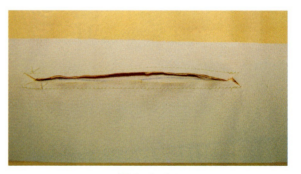

图 3-3-35

④ 将袋嵌线从剪开的袋口中心翻转到衣片反面，并熨烫平服，注意袋口的里外匀（图 3-3-36）。

⑤ 拉紧袋口两端的三角布，车缝固定三角布与嵌条（图 3-3-37）。

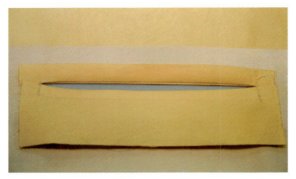

图 3-3-36

⑥ 将袋面布与袋嵌线正面相对，下端车缝（图3-3-38）；袋里布与袋嵌线上端同样正面相对车缝，熨烫平服。

⑦ 掀开衣片，从袋布上口经过三角布缝合袋面布和袋里布（图3-3-39）。袋底两角缝成圆弧状，以防袋底灰尘堆积；袋布边三线包缝（图3-3-40）。

图 3-3-37

图 3-3-38

图 3-3-39

图 3-3-40

3.5 斜插袋

（1）成品效果，如图 3-3-41、图 3-3-42 所示。

（2）制作准备：前裤片、后裤片、袋布、袋垫布、袋口衬、直丝牵带。

图 3-3-41

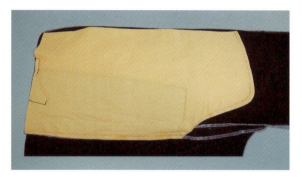

图 3-3-42

（3）制作步骤。

① 如图 3-3-43 所示，前裤片侧拼袋垫布的正面三线包缝，然后与袋布车缝固定。

② 前裤片侧缝边锁缝，然后标识口袋的位置和袋口尺寸（图 3-3-44），按照图 3-3-45所示打剪口。

③ 在袋口贴防拉伸的直丝牵带（图 3-3-46），折烫袋口线（图 3-3-47）。

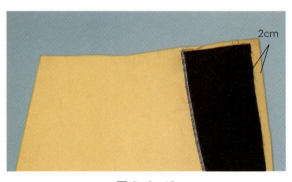

图 3-3-43

图 3-3-44

图 3-3-45

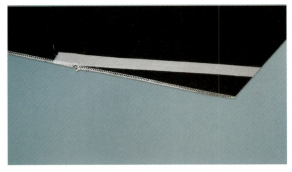

图 3-3-46

图 3-3-47

图 3-3-48

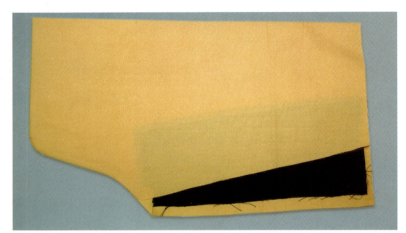

图 3-3-49

图 3-3-50

图 3-3-51

④ 把袋布反面相对叠合后，车缝袋底（图 3-3-48）。

⑤ 将袋布翻到正面，熨烫整理，注意袋底布的里外匀（图 3-3-49）。

⑥ 在袋垫布上确认袋口位置（图 3-3-50），把袋布塞在袋口折烫线内（图 3-3-51），沿着前裤片拷边线车缝固定袋布（图 3-3-52），从正面缉袋口为长方形的袋止口线（图 3-3-53）。

⑦ 倒回针固定袋口在袋垫布上（图 3-3-54）。

⑧ 缝合前裤片折裥，并与袋布上口假缝固定（图 3-3-55）。

⑨ 后裤片腰省缝合后车缝前后裤侧缝（图 3-3-56）。

⑩ 掀起袋布，将侧缝缝份劈开熨烫（图 3-3-57）。

图 3-3-52

图 3-3-53

图 3-3-54

图 3-3-55

图 3-3-56

图 3-3-57

⑪ 折烫袋布侧边与侧缝缝边对齐（图 3-3-58），车缝 0.5cm 止口固定袋布与侧缝缝边（图 3-3-59）。

⑫ 车缝袋底（图 3-3-60）。

⑬ 熨烫整理（图 3-3-61），由于袋布与面料颜色往往差异较大，缝制时注意正面、反面线迹都要配色。

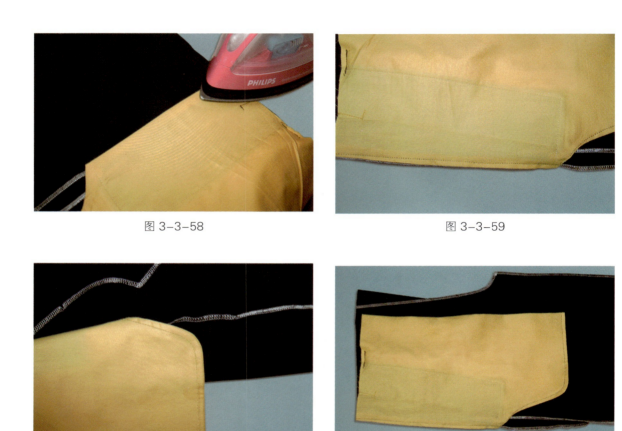

图 3-3-58

图 3-3-59

图 3-3-60

图 3-3-61

第4章 单服装制作

第1节 女裤

1.1 缝制工艺单

缝制工艺单见表4-1（第66页）。

1.2 缝制前准备

（1）款式效果，如图4-1-1至图4-1-3所示。

图4-1-1　　　　　　　图4-1-2　　　　　　　图4-1-3

（2）用料估算。

西裤的面料常采用毛料、毛涤等面料。

门幅宽度 = 144 ~ 155cm。

用料长度 = 裤长 + 裤脚口贴边宽度。

如：裤长 = 104cm，贴边 = 6cm，则用料为 110cm。

（3）样板。

净样板，如图 4-1-4 所示。

面料板，如图 4-1-5 所示。

衬料板，如图 4-1-6 所示。

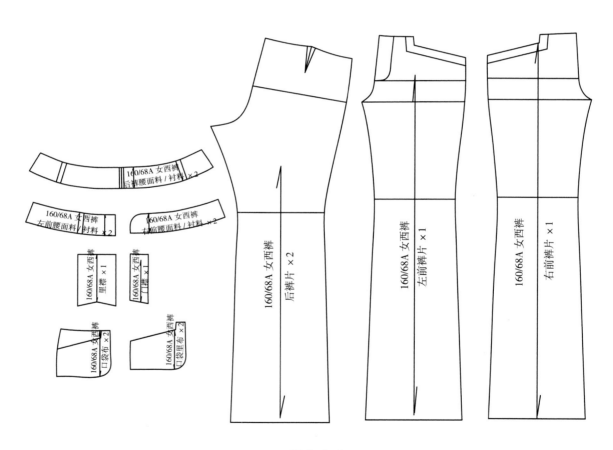

图 4-1-4

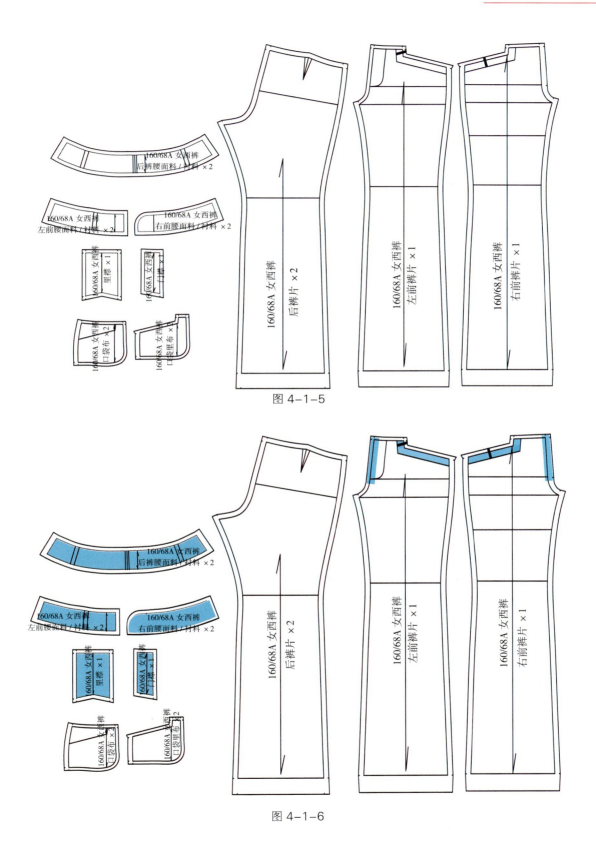

图 4-1-5

图 4-1-6

（4）排料。

面料排料：面料正面相对对折（图4-1-7），根据样板画样板轮廓线（图4-1-8）。

（5）粘袋口、门襟、里襟、腰头衬。

粘衬部位如图4-1-9所示。

1.3 缝制步骤

（1）前裤片缝制。

① 袋布与前裤片的袋口线对齐车缝，在转角处打剪口（图4-1-10）。

② 袋布翻折过去，熨烫整理，压0.1cm和0.6cm双明止口线（图4-1-11）。

③ 袋垫袋布（面料）合上前裤片袋布，兜袋布一圈，侧缝处不缝，锁缝袋布边（图4-1-12）。

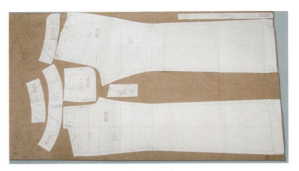

图4-1-7

图4-1-8

图4-1-9

图4-1-10

图4-1-11

图4-1-12

④ 袋上口与袋布重叠处、侧缝与袋布重叠处净缝线外 0.2cm 处大针距车缝一段，固定袋布位置（图 4-1-13）。

⑤ 前裤片和下裆缝锁缝（图 4-1-14）。成品图如图 4-1-15 所示。

（2）后裤片缝制。

后裤片和下裆缝锁缝后，缉后裤片省道，顺势留 2～3cm 的缝线，劈开缝线打结（图 4-1-16），注意省尖不要出酒窝（图 4-1-17）。

图 4-1-13

图 4-1-14

图 4-1-15

图 4-1-16

图 4-1-17

（3）前、后裤片拼合。

① 前、后裤片正面相对，缝合侧缝，劈开熨烫缝份（图 4-1-18）。

② 翻折熨烫裤脚贴边（图 4-1-19）。

③ 前、后裤片下裆缝正面相对拼合，熨烫开缝份后脚口锁缝（图 4-1-20）。

图 4-1-18

图 4-1-19

图 4-1-20

图 4-1-21

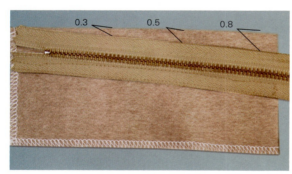

图 4-1-22

图 4-1-23

（4）门、里襟缝制。

① 对折里襟，锁缝。车缝里襟与左前裤片的前裆线（图 4-1-21）。

② 门襟锁缝，将拉链反过来车缝在门襟上，上口离边上 0.8cm（图 4-1-22）。

③ 缝合门襟和右前裤片前裆（图 4-1-23），然后将门襟翻转，熨烫平服。

④ 将拉链的另一边与里襟缝合，再缝上左前裤片（图 4-1-24）。

⑤ 左、右后裤片后裆缝正面相对车缝，缝过裆底缝（图 4-1-25），注意裆底十字缝不要有错开现象。车缝至前裤片门、里襟止点（图 4-1-26），然后缝份劈开熨烫（图 4-1-27）。

⑥ 门襟正面缉门襟明线，底部斜向打倒回针（图 4-1-28）。

图 4-1-24

图 4-1-25

图 4-1-26

图 4-1-27

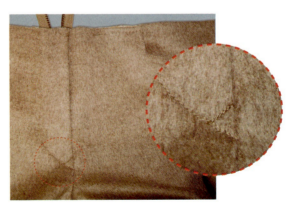

图 4-1-28

（5）做裤袢。

① 以裤袢的宽度缝好，烫开缝份（图4-1-29）。

② 翻过来，整烫，以裤袢长度剪开（图4-1-30）。

③ 在裤片相应位置上缝上裤袢（图4-1-31）。

图 4-1-29

图 4-1-30

图 4-1-31

（6）做腰、绱腰。

① 左前腰片、后腰片、右前腰片侧缝处分别拼合，腰夹里用同样方法缝制（图4-1-32）。

② 对齐腰面与裤身腰口、侧缝、后缝上的对位点，车缝上腰面（图4-1-33）。

③ 裤腰里下口上滚边条（图4-1-34），然后翻转滚边条包住腰里缝份后缉0.1cm止口线（图4-1-35）。

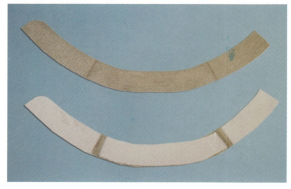

图 4-1-32

图 4-1-33

④ 腰面和腰夹里正面相对缝合，注意里外匀和吃势，同时按位置缝上裤袢上口（图 4-1-36）。

⑤ 将腰头翻过来，整烫（图 4-1-37）。

⑥ 在腰头正面沿腰头缉 0.6cm 明止口线，固定腰里，注意整个腰头平服，不拧不扭（图 4-1-38）。

完成效果如图 4-1-39 所示。

图 4-1-34

图 4-1-35

图 4-1-36

图 4-1-37

图 4-1-38

图 4-1-39

1.4 后整理

① 按脚口净缝线（即裤长）向里折烫，注意两个裤长的长度要一致。三角针法缲缝固定脚口贴边（图4-1-40），正面不能露出针脚（图4-1-41）。

② 腰头上按位置开纽孔，钉纽扣（图4-1-42）。

图 4-1-40

图 4-1-41

图 4-1-42

③ 整烫女裤。

反面：用蒸汽熨斗烫平侧袋袋布、后袋袋布、前后裆缝、侧缝、下裆缝。

正面：垫上烫布，烫腰口折裥、侧袋、后省、前挺缝线、后挺缝线、腰头。

1.5 工艺要求及评分标准

（1）整体外形美观。（30分）

（2）尺寸规格符合标准与要求。（10分）

（3）前门襟止口线美观，拉链平服。（15分）

（4）左右侧袋、后袋对称、平服。（10分）

（5）腰头宽窄一致，不拧不涟，腰里漏落缝缉线美观。（15分）

（6）两裤腿长短一致，平服不起吊。（10分）

（7）没有烫黄、烫焦现象，整条裤子拎起来无走路现象。（10分）

第 2 节　女衬衫

2.1 缝制工艺单

女衬衫缝制工艺单见表 4-2（第 67 页）。

2.2 缝制前准备

（1）款式成品图，如图 4-2-1 至图 4-2-3 所示。

图 4-2-1　　　　　　　图 4-2-2　　　　　　　图 4-2-3

（2）用料估算（面、衬）。

面料幅宽 = 150cm，用料长度 = 衣长 + 袖长 + 缝份。

面料幅宽 = 110cm，用料长度 = 衣长 + 2 袖长 + 缝份。

面料幅宽 = 90cm，用料长度 = 2 衣长 + 袖长 + 缝份。

（3）样板（面、衬）。

净样板，如图 4-2-4 所示。

面料样板，如图 4-2-5 所示。

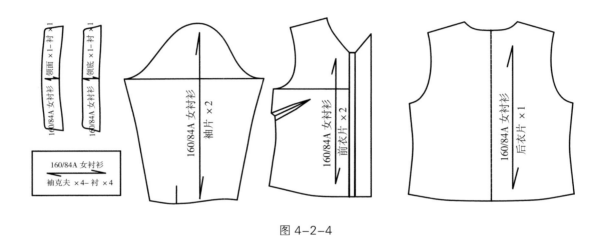

图 4-2-4

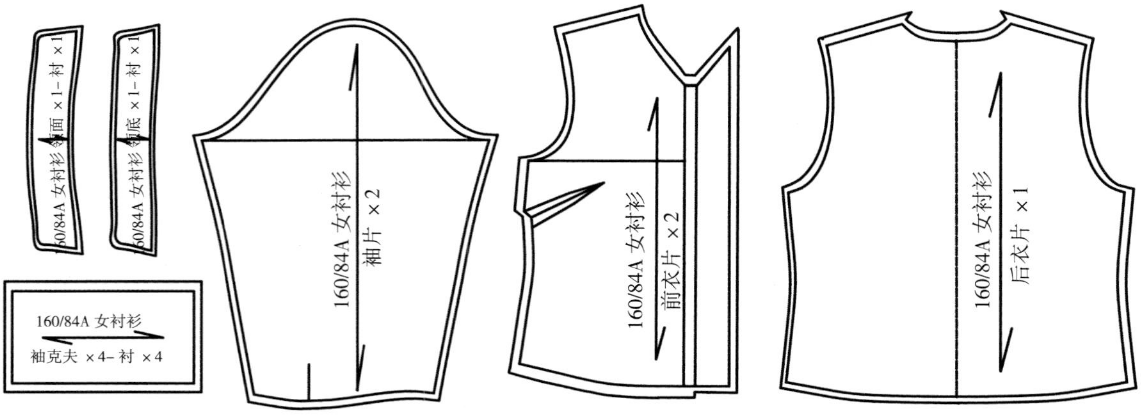

图 4-2-5

（4）排料与裁剪。

面料排料：面料正面相对对折，根据样板画样板轮廓线。

门襟可以有两种处理方法：

① 门襟与挂面分开裁剪（图 4-2-6）。

② 门襟与挂面联口裁剪，本文采用此方法。

挂面边缘可以利用布边。门里襟、衣领、袖克夫反面粘衬，粘衬部位图如图 4-2-7 所示。

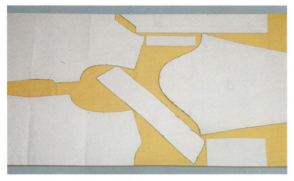

图 4-2-6

图 4-2-7

2.3 缝制步骤

（1）前衣片制作。

① 缉胸省省道（图 4-2-8、图 4-2-9），翻折、烫平（图 4-2-10），省尖处理方法同第 2 章中省尖处理方法，然后缉线固定胸省末端（图 4-2-11）。

② 按对位点翻折烫平门里襟，注意直顺（图 4-2-12）。

（2）前后衣片肩部缝合。

① 前后衣片正面相对，按对位点缝合，后肩缝有吃势（图 4-2-13）。

② 肩缝的缝边锁缝烫平（图 4-2-14）。

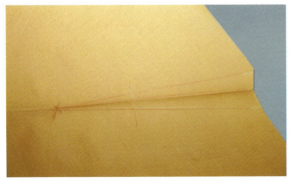

图 4-2-8

图 4-2-9

图 4-2-10

图 4-2-11

图 4-2-12

后片

图 4-2-13

（3）做领、绱领（参考女式衬衫领的制作步骤）。

（4）做袖（参考做袖衩中滚边衩的制作步骤）。

（5）绱袖。

① 袖片与衣身袖窿正面相对，按对位点车缝袖山弧线（图4-2-15），注意袖子缝份要有吃势但不能有折裥（图4-2-16）。

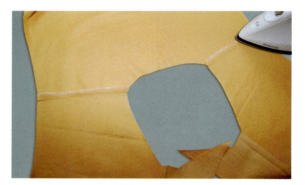

图 4-2-14

图 4-2-15

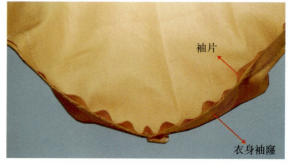

袖片

衣身袖窿

图 4-2-16

②将袖窿缝份锁缝（图 4-2-17）。

③将前后衣身与衣袖分别正面相对（图 4-2-18），按对位点车缝衣身侧缝及袖底缝，并锁缝（图 4-2-19）。

④袖克夫反面粘衬，对折扣烫，其中一侧再扣烫 1cm 缝份（图 4-2-20），然后将袖克夫按对折线正面相对折叠，做出袖克夫面、里的里外匀（图 4-2-21）。

⑤车缝固定袖克夫两端 1cm（图 4-2-22），修剪缝份（图 4-2-23），袖克夫翻转至正面，熨烫整理。

图 4-2-17

图 4-2-18

图 4-2-19

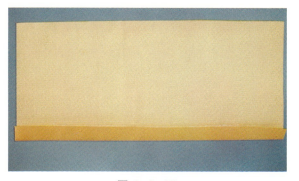

图 4-2-20

图 4-2-21

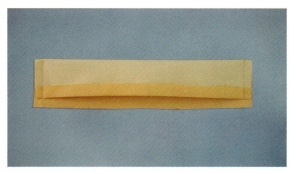

图 4-2-22

⑥ 将袖克夫与衣袖袖口反面相对，按对位点车缝袖口线（图 4-2-24）。

⑦ 翻转袖克夫，缝份塞进袖克夫中，袖克夫面盖住缝份，在袖克夫正面缉 0.1cm 止口线，压住袖克夫里（图 4-2-25、图 4-2-26），成品效果图如图 4-2-27 所示。

（6）缝折下摆边。

① 挂面按门襟线折向衣身正面，沿底边线车缝固定挂面宽度（图 4-2-28）。

② 翻转熨烫整理，底边折边，从一侧挂面宽处的底边垂直车缝至底边卷边上沿继续缉 0.1cm 明止口线，缝至另一侧挂面宽处转直角后垂直车缝至底边（图 4-2-29），整体下摆成品图如图 4-2-30 所示。

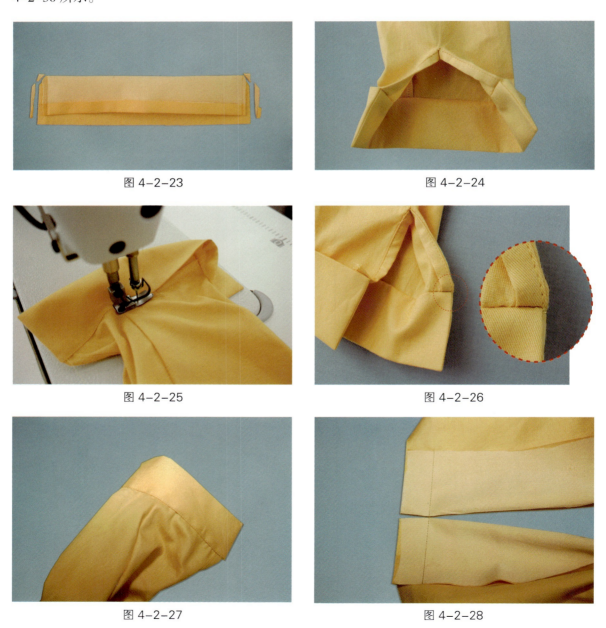

图 4-2-23

图 4-2-24

图 4-2-25

图 4-2-26

图 4-2-27

图 4-2-28

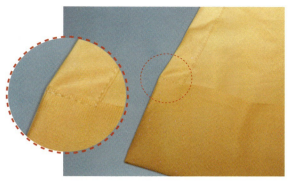

图 4-2-29　　　　　　　　　　　　　　　　　图 4-2-30

2.4 后整理

（1）根据样板确定纽位，钉扣、锁眼（图 4-2-31、图 4-2-32）。

（2）整体熨烫。

垫上烫布用蒸汽熨斗先烫平领面、领里、袖克夫、袖子，再烫门里襟、前身、后身，最后烫下摆。

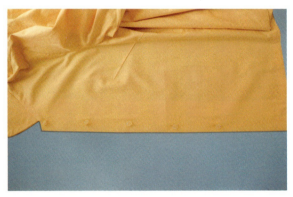

图 4-2-31　　　　　　　　　　　　　　　　　图 4-2-32

2.5 工艺要求及评分标准（100 分）

（1）整体外形美观。（30分）

（2）尺寸规格符合标准与要求。（10分）

（3）前门襟平服、长短一致。（15分）

（4）领子平服，左右对称，不翻翘。（15分）

（5）胸省左右对称，省尖不起酒窝。（10分）

（6）两袖长短一致，绱袖吃势均匀，袖克夫宽窄一致，袖衩平整不露毛。（10分）

（7）锁眼、钉扣位置准确。（10分）

表4-1 女西裤缝制工艺单

工艺单	2018年10月5号	翻单		型号		
工厂名	品牌名	型号				

责任人　年　月　日

尺寸（样板型号）

尺寸	7	9	11	13
腰围	70.2	73.2	77.2	81.2
臀围	90.6	93.6	97.6	101.4
膝围	20	21	22	23
脚口	23.5	24.5	25.5	26.5
上裆	21.2	21.7	22.2	22.7
内长	81	81	81	81
腰宽	4.8	4.8	4.8	4.8
拉链长	10	10	10	11

处理方法

名称		面/里	处理方法	缝份	缝份宽
后中心		面	平缝 · 锁边 平缝 · 滚边	劈烫 √ · 折烫	
		里	平缝 · 锁边 平缝 · 滚边	劈烫 · 折烫	
侧缝 √		面	平缝 · 锁边 平缝 √ · 滚边	劈烫 √ · 折烫	
		里	平缝 · 锁边 平缝 · 滚边	劈烫 · 折烫	
镶拼		面	平缝 · 锁边 平缝 · 滚边	劈烫 · 折烫	
		里	平缝 · 锁边 平缝 · 滚边	劈烫 · 折烫	
下摆		面	吊带 · 三折卷	劈烫 · 折烫	
		里	全翻 · 三折卷 距离面下摆（cm）		
腰头	对折 · 锁边 · 拼合	位置：CF			
股中心上		面 √	平缝 · 锁边 平缝 √ · 来去缝 · 两遍平缝		
前后		里 √	平头锁眼 √ · 平头锁眼 √ 竖 · 横 √		
内长		面 √	平缝 · 锁边 平缝 √ · 滚边	劈烫 √ · 折烫	
		里 √	平缝 · 锁边 平缝 · 滚边	劈烫 · 拉链	
开口			处理方法：拉链		
袋口					
扣眼		17mmX 1 个（圆头锁眼 √ · 平头锁眼）竖 · 横 √			
菊眼		mmX 个（圆头锁眼 · 平头锁眼）竖 · 横			
套结		mmX 个 位置（ ）			
	粘衬 · 牵带位置	位置、处理方法			

裁剪

裁剪	穿插排料（可 · 不可 √）一方裁剪 对格对条（有 · 无 √）它 全夹里 · 半夹里 √ · 无里 √ · 它
缝制方法	

线

				明线（50）号	用量
缝纫线	3cm（13）针	缝纫线（50）号	3cm（11）针	
针迹密度			尺码 品号	

用料

用料	品号		
里料	GS1000N		
粘衬	SD1514		
牵带	5000	12m/m	1.8M
纽扣	L525	15m/m	1+1个
拉链			
吊带		6m/m	0.6m

裁剪前请面料请缩绒处理；
各号型的尺寸请再次确认
不明白之处请联系

粘衬 · 牵带位置

商标位置	
品质吊带	
洗标	

设计图

左面为门襟
袋口夹里不能外漏
后缝缝两次平缝
缉挂面线

线迹要求整齐、漂亮
漏落缝　下侧止口线迹宽窄一致、整齐漂亮
压住门襟布
打套结
打枣结

表 4-2　女衬衫缝制工艺单

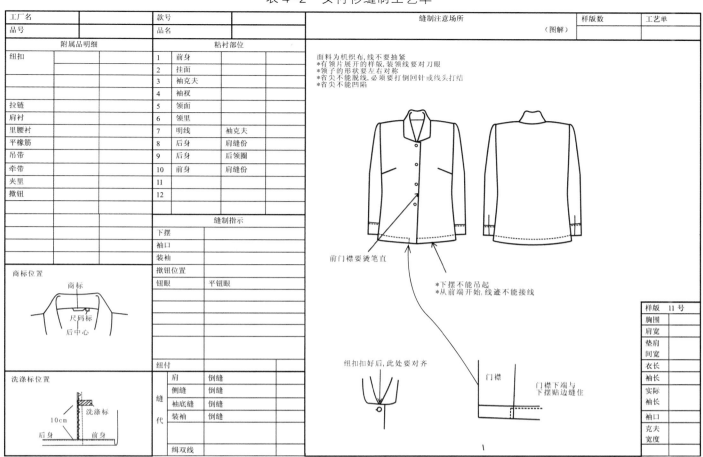

工厂名		款号		缝制注意场所	样版数	工艺单
品号		品名		（图解）		

附属品明细

纽扣	
拉链	
肩衬	
里腰衬	
平橡筋	
吊带	
牵带	
夹里	
撇钮	

粘衬部位

1	前身	
2	挂面	
3	袖克夫	
4	袖权	
5	领面	
6	领里	
7	明线	袖克夫
8	后身	肩缝份
9	后身	后领圈
10	前身	肩缝份
11		
12		

缝制指示

下摆	
袖口	
装袖	
撇钮位置	
钮眼	平钮眼
纽付	

商标位置

商标
尺码标
后中心

洗涤标位置

10cm　洗涤标
后身　前身

	肩	倒缝
缝代	侧缝	倒缝
	袖底缝	倒缝
	装袖	倒缝
缉双线		

面料为机织布,线不要抽紧
*有领片展开的样版,装领线要对刀眼
*领子的形状要左右对称
*省尖不能脱线,必须要打倒回针或线头打结
*省尖不能凹陷

前门襟要烫笔直

*下摆不能吊起
*从前端开始,线迹不能接线

纽扣扣好后,此处要对齐

门襟
门襟下端与
下摆贴边缝住

样版	11号
胸围	
肩宽	
垫肩	
间宽	
衣长	
袖长	
实际袖长	
袖口	
克夫宽度	

工厂名		款号		缝制注意场所	样版数	工艺单
品号		品名		（图解）		

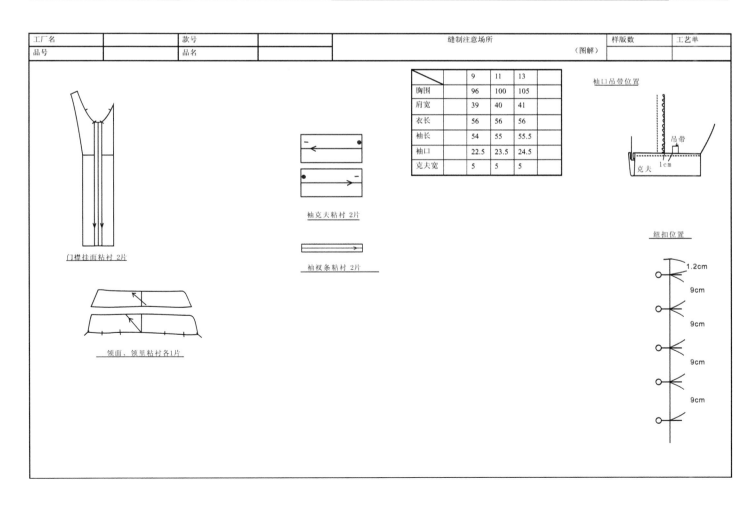

	9	11	13
胸围	96	100	105
肩宽	39	40	41
衣长	56	56	56
袖长	54	55	55.5
袖口	22.5	23.5	24.5
克夫宽	5	5	5

门襟挂面粘衬 2片

领面、领里粘衬各1片

袖克夫粘衬 2片

袖权条粘衬 2片

袖口吊带位置

吊带
克夫
1cm

纽扣位置

1.2cm
9cm
9cm
9cm
9cm

第 5 章　夹服装制作

第 1 节　全夹直身裙制作

1.1 缝制工艺单

缝制工艺单见表 5-1（第 105 页）。

1.2 缝制前准备

（1）款式成品图，如图 5-1-1 至图 5-1-3 所示。

（2）全夹直身裙净样板，如图 5-1-4 所示。

图 5-1-1

图 5-1-2

图 5-1-3

（3）样板。

面料（图 5-1-5）、里料（图 5-1-6）、衬料（图 5-1-7）。

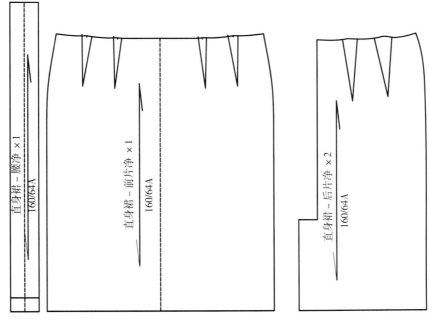

图 5-1-4

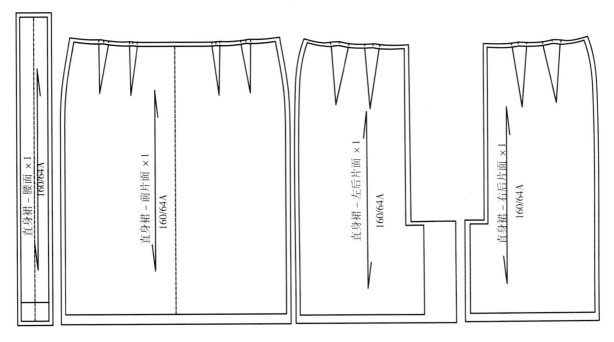

图 5-1-5

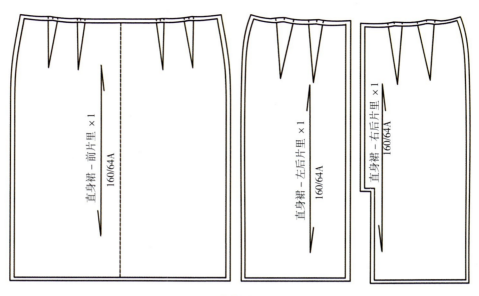

图 5-1-6

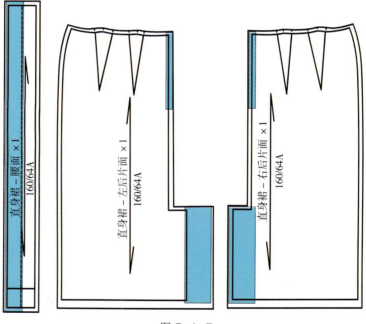

图 5-1-7

（4）用料估算。

① 面料。

门幅宽：150cm。

用料 = 实际腰围尺寸 + 腰叠门量 + 缝份（腰头长）（腰长大于裙长）。

用料 = 裙长 + 缝份（裙长大于腰长）。

② 里料。

门幅宽：90cm。

用料 = 前片长 + 后片长 + 缝份。

（5）排料。

面料排料如图 5-1-8 所示。

粘衬：左后片、右后片、腰头（图 5-1-9），注意黏合衬的长度比拉链缝止点多出 1cm。

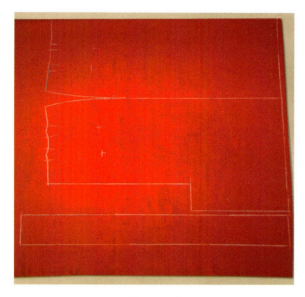

图 5-1-8

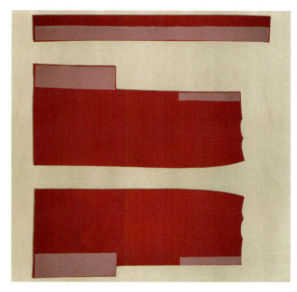

图 5-1-9

1.3 缝制步骤

（1）面料缝制部分。

① 缝合后中缝：后裙片正面相对，从拉链缝止点车至开衩止点（图 5-1-10）。

② 做后开衩：左开衩缝份按净缝折边，开衩上端车至开衩止点（图 5-1-11、图 5-1-12），左开衩上端缝份斜向 45° 剪开（图 5-1-13）；将裙片翻至正面，烫后开衩折痕（图 5-1-14）。

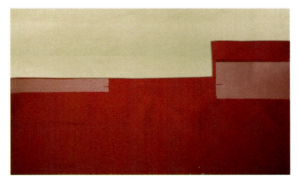

图 5-1-10

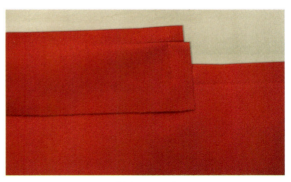

图 5-1-11

③ 将后片下摆贴边折烫（图5-1-15），与后开衩折边打对位点（图5-1-16），对准上下对位点，按照图5-1-17所示反面车缝，修剪缝份至1cm（图5-1-18），整烫效果如图5-1-19所示。左、右两边缝制方法相同，注意外侧衩盖住里侧衩。

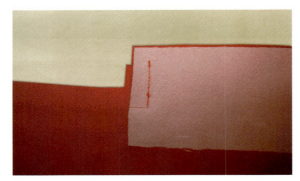

图 5-1-12

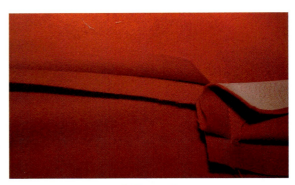

图 5-1-13

图 5-1-14

图 5-1-15

图 5-1-16

图 5-1-17

④ 绱拉链：首先熨烫隐形拉链布边使其平顺（图 5-1-20），压脚更换成单边压脚或隐形拉链专用压脚；隐形拉链的对位点与后裙片拉链缝止点对齐，将拉链头拉到拉链的尾部，粗缝固定缝份与拉链布边（图 5-1-21、图 5-1-22），车缝固定拉链两侧（图 5-1-23），将拉链头从尾部的空当处拉出并闭合拉链（图 5-1-24）。

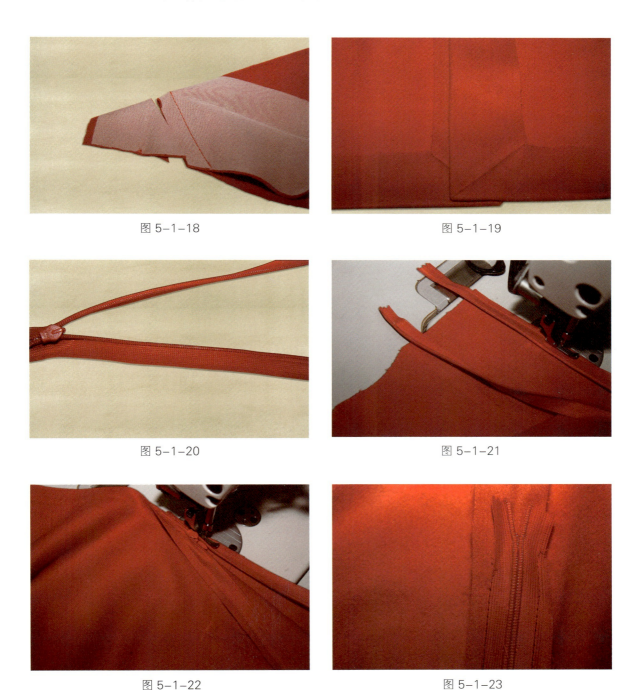

图 5-1-18

图 5-1-19

图 5-1-20

图 5-1-21

图 5-1-22

图 5-1-23

图 5-1-24

图 5-1-25

图 5-1-26

图 5-1-27

图 5-1-28

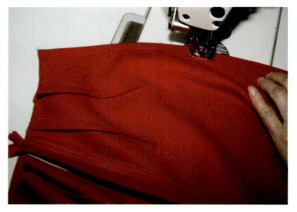

图 5-1-29

⑤ 前、后裙片缉省道：对齐省道两端点（图 5-1-25），在背面车缝至省尖点，顺势留下 3 ~ 4cm 线头，打结留下 0.5cm 量，避免省尖起酒窝（图 5-1-26）。烫倒省道缝份，注意前裙片省道倒向前中心线（图 5-1-27），后裙片省道分别倒向后中心线（图 5-1-28）。

⑥ 缝合前、后裙片（图 5-1-29），缝份劈开烫（图 5-1-30）。

图 5-1-30

（2）里料缝制部分。

① 在已缝合完毕的后开衩处标记与里料缝合部分的对位点（图 5-1-31）。

② 缝合里料后中缝，即缝合拉链缝止点到衩位上端点（上一步骤标记的对位点）（图 5-1-32）。

③ 里侧衩处面、里缝份从对位点车缝至开衩底端（图 5-1-33、图 5-1-34）。

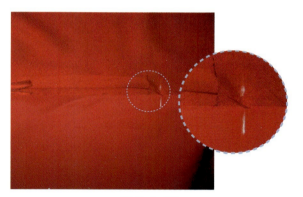

图 5-1-31

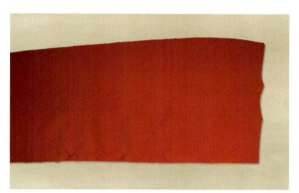

图 5-1-32

图 5-1-33

图 5-1-34

④ 外侧衩处面、里缝份从对位点车缝至开衩底端，注意开衩宽度转角处的缝合处理（图 5-1-35 至图 5-1-37）。

⑤ 将拉链布边和里布粗缝（图 5-1-38），靠近拉链车缝至拉链缝止点（图 5-1-39、图 5-1-40）。

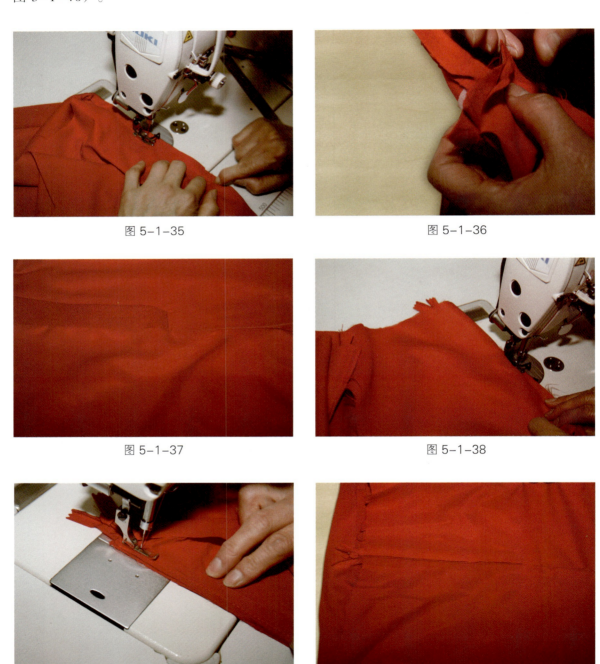

图 5-1-35

图 5-1-36

图 5-1-37

图 5-1-38

图 5-1-39

图 5-1-40

⑥ 缝合前后裙里片侧缝（图5-1-41），侧缝缝份坐倒0.2cm熨烫，坐倒缝倒向后中心线（图5-1-42、图5-1-43）。

⑦ 缝合面布下摆与里布下摆，反面车缝1cm（图5-1-44）。

⑧ 贴边折起，贴边缝份与裙面侧缝缝份固定（图5-1-45）。

⑨ 下摆翻转正面熨烫，注意里布下摆坐倒2cm（图5-1-46）。

图 5-1-41

图 5-1-42

图 5-1-43

图 5-1-44

图 5-1-45

图 5-1-46

⑩ 将面与里在腰部缝合，在缝合过程中注意里片省道按照裆的方法坐倒（图5-1-47）。

⑪ 面布省道缝份倒向与里布折裆的缝份倒向错开，使省道处的布料厚度不会过于集中（图5-1-48）。

⑫ 缝合完毕后，拉链闭合，画绱腰净缝对位点（图5-1-49）。

图 5-1-47

图 5-1-48

图 5-1-49

（3）做腰、绱腰。

① 做腰：腰头反面相对对折熨烫，粘衬一面的腰头按净缝线折烫 1cm（图5-1-50）。

② 绱腰：将粘衬一面的腰头与腰身正面相对，按缝份车缝一圈（图5-1-51）。

③ 里襟正面相对，封里襟端 1cm（图5-1-52）。

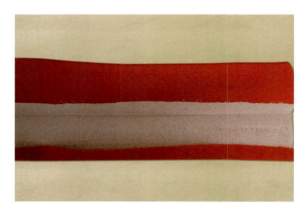

图 5-1-50

图 5-1-51

④ 转角车缝至拉链缝止点上端（图 5–1–53），修剪转角处的缝份（图 5–1–54）。

⑤ 车缝门襟端 1cm，与后中心线对齐（图 5–1–55）。

⑥ 修剪拼合处拉链布边的多余量（图 5–1–56）。

⑦ 整理腰里侧，手工假缝折烫的腰头与腰身（图 5–1–57），正面熨烫平服腰头（图 5–1–58）。

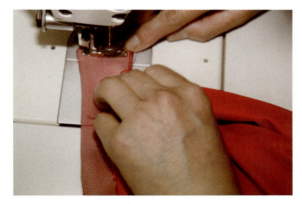

图 5–1–52

图 5–1–53

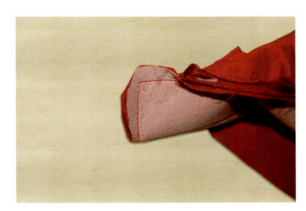

图 5–1–54

图 5–1–55

图 5–1–56

图 5–1–57

⑧ 从腰头里襟处开始用漏落缝绱腰（图 5-1-59），缝迹藏在之前正面缝合的线迹里，因此正面几乎看不出线迹（图 5-1-60）；背面缝迹正好在折光边以上 0.1cm 左右的位置上（图 5-1-61），线迹均匀平整。

图 5-1-58

图 5-1-59

图 5-1-60

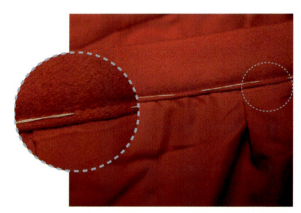

图 5-1-61

1.4 后整理

（1）钉搭扣或锁眼钉扣，注意拉链闭合、扣好后腰头与拉链部位要平服（图 5-1-62）。

（2）熨烫整理女西裙。

反面：用蒸汽熨斗烫平夹里褶裥、后衩、下摆。

正面：

① 垫上烫布，烫腰面、省道。

② 烫侧缝与下摆。

③ 在烫馒上烫整个裙身。

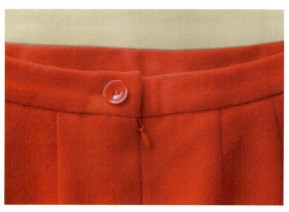

图 5-1-62

1.5 工艺要求及评分标准（100分）

（1）整体外形美观。（30分）

（2）尺寸规格符合标准与要求。（10分）

（3）裙身面、里不起吊。（15分）

（4）前后省道平服，省尖不起酒窝、左右长短一致。（10分）

（5）后身拉链平服、密合，腰口处平齐。（15分）

（6）腰头宽窄一致，不拧不涟，腰里漏落缝线迹美观。（15分）

（7）裙下摆贴边、夹里坐势宽窄一致，锁眼钉扣位置准确。（5分）

第 2 节　全夹女外套制作

2.1 缝制工艺单

缝制工艺单见表5-2（第106页）。

2.2 缝制前准备

（1）款式成品图，如图5-2-1至图5-2-3所示。

图 5-2-1　　　　　　　图 5-2-2　　　　　　　图 5-2-3

（2）样板（面料、里料、衬料）。

① 净样板，如图 5-2-4 所示。

② 毛样板（面），如图 5-2-5 所示。

③ 里料板，如图 5-2-6 所示。

④ 衬料板，如图 5-2-7 所示。

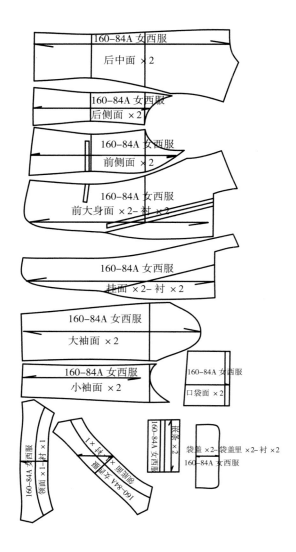

图 5-2-4

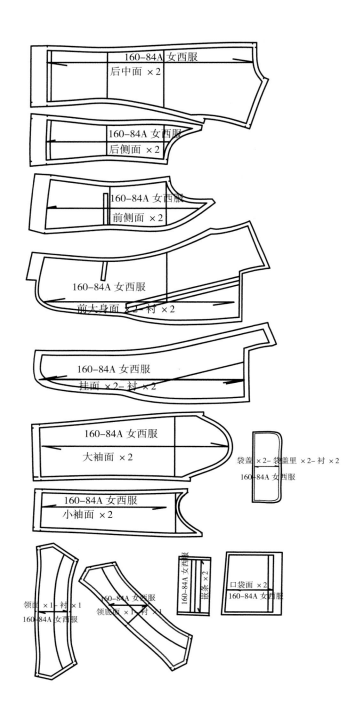

图 5-2-5

（3）用料估算（面料、里料、衬料）。

面料 1.5m（毛料），夹里 1.4m，粘衬 1.2m。

面料幅宽 =150cm；

面料长度 = 袖长 + 衣长 + 缝份。

里料幅宽 =150cm；

里料长度 = 袖长 + 衣长 + 缝份。

衬料幅宽 =130cm；

衬料长度 = 前衣身 + 缝份。

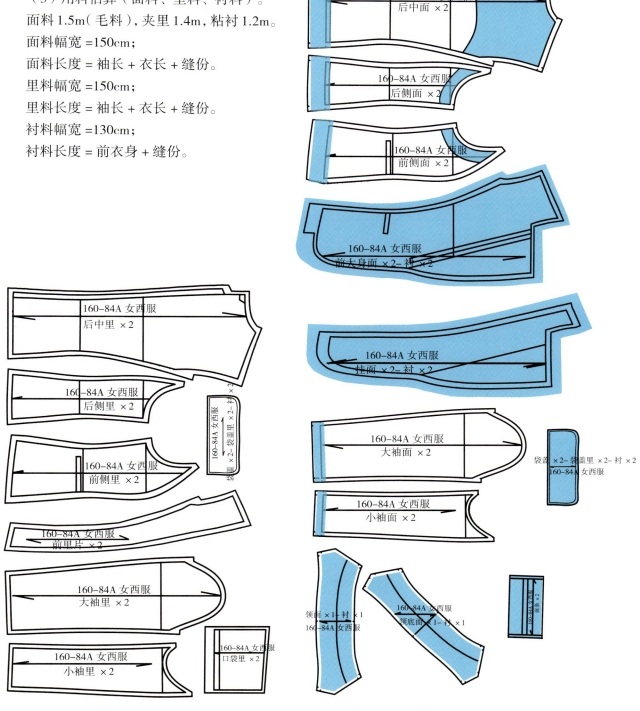

图 5-2-6　　　　　　　图 5-2-7（领面、里荒裁）

（4）排料。

如果布匹在裁剪前较皱，需要在反面熨烫一下。将布匹沿经向中线一折二，正面相对，反面在外。

排料原则：

① 临近的衣片靠近放，注意丝缕方向。

② 先放大片后放小片。

③ 领面直丝、领侧面斜丝。

④ 前身、挂面、领面、领侧面和领脚荒裁（图5-2-7）。

面料排料图如图5-2-8所示，里料排料图如图5-2-9所示。

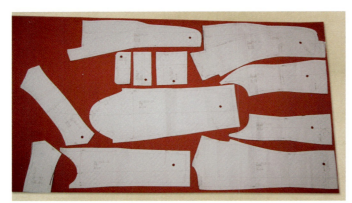

图5-2-8　　　　　　　　　　　　　　　图5-2-9

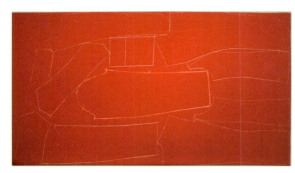

图5-2-10

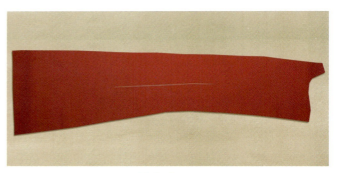

图5-2-11

（5）划样（图5-2-10）。

注意事项：把划错的画粉印及时拍掉，为防止搞错衣片的正反面，画粉划线表示衣片反面（图5-2-11）。

（6）粘衬。

前身、挂面、领面、领侧面、领脚、袋嵌线、后身、后侧、前侧、大小袖反面粘衬，粘衬排料图如图 5-2-12 所示。

粘衬部位：

①前身（荒裁）。

②挂面（荒裁）。

③领面、领里（各 1 片）（荒裁）。

④袋嵌线、袋盖（荒裁）。

⑤大、小袖口上去 5cm 粘衬（但袖片实际翻折 4cm）。

⑥衣片底摆上去 5cm 粘衬（但衣片底摆实际折 4cm）。

⑦后片领口边缘 1~5cm 之间（整后领圈）。

⑧前、后侧片袖窿处最好都拉牵带（1 ~ 1.5cm）。

注意：大片部位粘衬必须裁剪缩小一圈（约 0.3cm），小片部位如领面、领里、领脚、嵌线可以同样大小。

（7）裁剪。

①剪刀刀刃要垂直布面裁剪，如果刀刃倾斜的话会把上下片面料裁歪。

②裁夹里，需要时熨烫一下，烫夹里的温度要注意且不能用蒸汽。

（8）修片（精裁）。

①前身、挂面、袋盖、领面和领侧面按照样板精裁（图 5-2-13）。

②精裁注意事项如下。

a. 挂面：要求驳头上部一段 5 ~ 10cm 为直丝缕（裁剪时可以翻过来确认一下）。

b. 领面：要求直丝缕，要在正面面料上精剪，以免剪歪。

c. 左右两片合在一起精剪，保证其对称性。

d. 嵌线精裁一边，剪直。

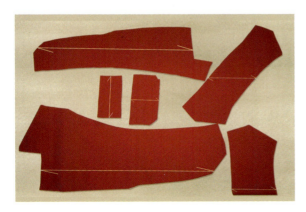

图 5-2-12

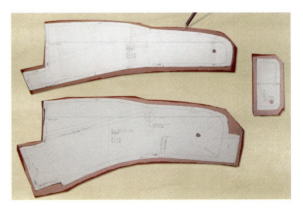

图 5-2-13

2.3 缝制步骤

（1）缝合前片公主线、开嵌线袋、粘牵带。

① 前衣片和前侧片正面相对，对位点对齐，缝合前片公主线，弧线处均匀过渡、曲线光滑。将拼缝劈开，分烫前衣片公主缝。如果缝份很皱可以剪小缝份或打刀眼，使缝份平服（图5-2-14、图5-2-15）。

② 归拔前衣片（图5-2-16）。

③ 在前衣片的驳头、门襟止口画净缝线（图5-2-17）。

④ 在前衣片上根据样板画驳折线（图5-2-18）。

图 5-2-14

图 5-2-15

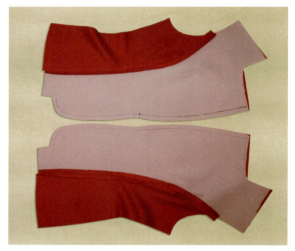

图 5-2-16

图 5-2-17

图 5-2-18

⑤ 在前衣片的驳头、驳折线、门襟止口净缝线划线处粘牵带。粘驳头、门襟止口净缝线划线处牵带时距离净缝线 0.1cm，粘驳折线牵带时距离驳折线 0.7cm，粘驳折线牵带时注意捎带紧些（图 5-2-19），转角处打剪口（图 5-2-20），整体效果如图 5-2-21 所示。

⑥ 在袖窿处粘牵带（图 5-2-22），防止拉伸。

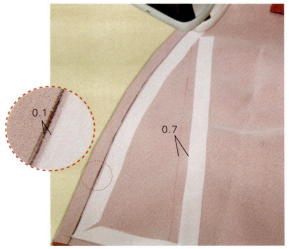

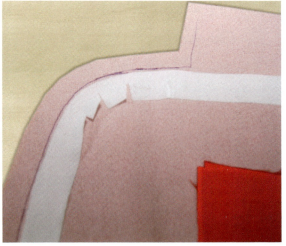

图 5-2-19　　　　　　　　　　　　　　　　　图 5-2-20

图 5-2-21　　　　　　　　　　　　　　　　　图 5-2-22

（2）开嵌线袋。

① 做袋盖，将袋盖面与里正面相对，里比面一圈小 0.2cm 左右，按缝份缝一圈，两端打倒回针，注意里外匀（图 5-2-23）。

② 两圆角剪缝份至 0.3cm（图 5-2-24）。

③ 将袋盖翻至正面，熨烫，左右两袋盖合起来，检查长度、两圆角弧度是否一致（图 5-2-25）。

④ 按照样板画袋口线，左右对称，袋口边线分别与前门襟线和侧缝线平行（图 5-2-26）。

⑤绱袋盖和嵌线，两边各1cm（图5-2-27、图5-2-28）。

⑥检查衣片反面上嵌线是否平行，两头是否到位（图5-2-29）。

⑦剪袋口，剪三角到两头（图5-2-30）。

图 5-2-23

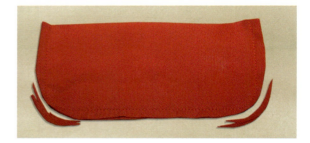

图 5-2-24

图 5-2-25

图 5-2-26

图 5-2-27

图 5-2-28

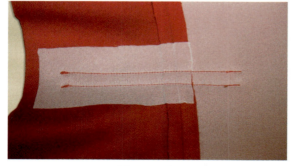

图 5-2-29

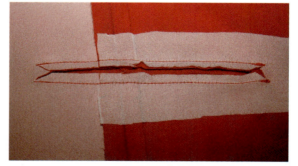

图 5-2-30

⑧ 嵌线翻至反面（图 5-2-31）。

⑨ 缝三角（图 5-2-32），正面效果图如图 5-2-33 所示。

⑩ 里侧袋布与嵌线下端缝合（图 5-2-34），外侧袋布与嵌线上端缝合（图 5-2-35）。

⑪ 封袋布两圈，注意三角处及拉紧上面一片，防止袋口张开（图 5-2-36）。

⑫ 袋布下端与公主缝缝份固定（图 5-2-37）。

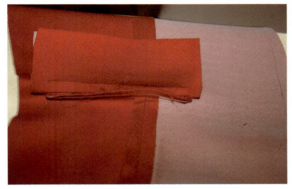

图 5-2-31

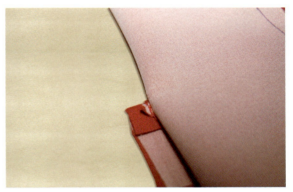

图 5-2-32

图 5-2-33

图 5-2-34

图 5-2-35

图 5-2-36

图 5-2-37

图 5-2-38

（3）拼挂面。

前片夹里与前侧片夹里缝合，按对位点车缝挂面与前片夹里，圆弧处夹里吃势（图 5-2-38），将车缝后的前衣片夹里缝份坐倒 0.2cm 熨烫。

（4）覆挂面（制作前片门襟止口）。

① 将前身面与挂面正面相对，手工假缝门襟止口，注意两层吃势不一致，以保证翻驳领及下摆的服帖。吃势部位如下。

a. 驳头部位：挂面吃势大于前身衣片（图 5-2-39）。

b. 驳头缺嘴处：挂面比前身面长、宽各大 0.2 ~ 0.3cm，吃势均匀（图 5-2-40）。

c. 驳折止点下面门襟处：前身衣片吃势，前身面与挂面驳折止点处的对位点对齐（图 5-2-41）。

d. 下摆衣角圆弧处：衣片吃势多于挂面，以贴合人体（图 5-2-42）。

② 确定前身衣片左右对称、吃势均匀后，将前衣身与挂面缝合，如图 5-2-43，然后拆除手工线。

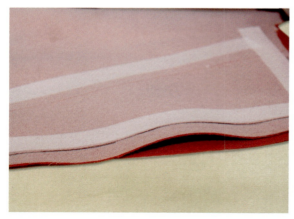

图 5-2-39

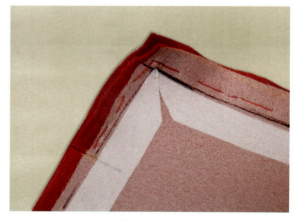

图 5-2-40

③ 修剪止口缝份呈阶梯状（图 5-2-44）。

a. 驳头处面留 0.6cm、挂留 0.3cm 缝份 (图 5-2-45)。

b. 门襟处面留 0.3cm、挂留 0.6cm 缝份（图 5-2-46）。

c. 驳头缺嘴和下摆圆弧处留 0.2 ～ 0.3cm 缝份（图 5-2-47、图 5-2-48）。

④ 剪驳头装领处，两层一起剪（图 5-2-49）。

图 5-2-41

图 5-2-42

图 5-2-43

图 5-2-44

图 5-2-45

图 5-2-46

图 5-2-47

图 5-2-48

图 5-2-49

图 5-2-50

图 5-2-51

图 5-2-52

⑤ 整烫前身止口，注意两片一致。

a. 劈烫开止口缝份（图 5-2-50）。

b. 用镊子顶出驳头上端（图 5-2-51）。

c. 将前衣身翻至正面后，整烫止口，按要求烫出里外匀，驳折止点以上衣片退进 0.1cm，驳折止点以下挂面退进 0.1cm（图 5-2-52）。

（5）制作后片（面、里）。

① 两后片正面相对，缝合后中缝，两片要绝对平服，不能有吃势；缝合两后侧片，注意对位点对齐；劈烫后中缝及两侧缝，注意不要拉伸（图 5-2-53）。

② 在下摆处粘衬，按下摆宽度烫折贴边（图 5-2-54）。

③ 同样缝制后片夹里中缝及后侧片（图 5-2-55）。

④ 后片夹里缝份坐倒 0.2cm 熨烫（图 5-2-56）。

图 5-2-53

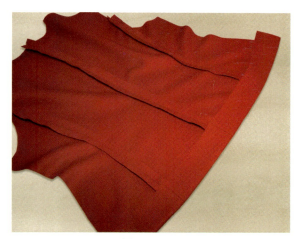

图 5-2-54

图 5-2-55

图 5-2-56

（6）拼肩缝（面、里）。

① 前、后衣片正面相对，按对位点缝合肩缝，后片中间段吃势 0.5cm（图 5-2-57）。

② 后领圈粘牵带（图 5-2-58）。

③ 劈烫开肩缝，保持肩部弧形，注意不要拉伸（图 5-2-59）。

④ 缝合前、后衣身肩部夹里（图 5-2-60），缝份往后身倒烫。

图 5-2-57

图 5-2-58

图 5-2-59

图 5-2-60

（7）做领。

① 在领侧面上画领脚线（图 5-2-61）。

② 领脚线缝上牵带，在图中标示的 A 、B 位置上牵带带紧 0.1 ~ 0.2mm（图 5-2-62）。

图 5-2-61

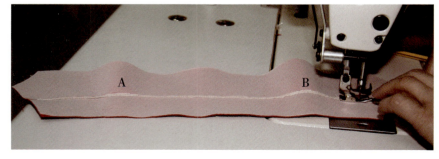

图 5-2-62

③ 缝合领面与领侧面，对位点对齐，领角及领中部各吃势 0.2cm 左右，从而使领子贴服人体，注意左右领型对称（图 5-2-63）。

④ 修剪领缝份，领面留 0.3cm 缝份，领侧面留 0.5cm 缝份（图 5-2-64）。

⑤ 劈烫领外侧缝份（图 5-2-65）。

⑥ 翻领至正面，用镊子顶出领角（图 5-2-66）。

⑦ 整烫领外侧止口，按要求烫出里外匀，领里退进 0.1cm，领角里外匀效果如图 5-2-67 所示，领中段里外匀效果如图 5-2-68 所示。

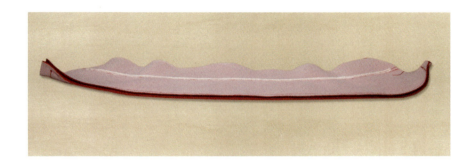

图 5-2-63

图 5-2-64

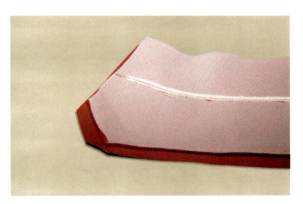

图 5-2-65

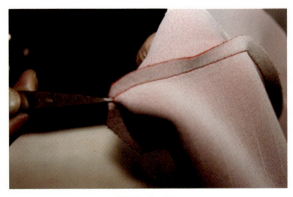

图 5-2-66

图 5-2-67

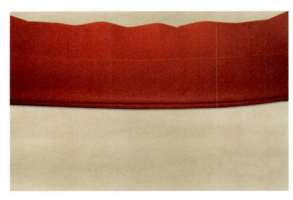

图 5-2-68

图 5-2-69

图 5-2-70

图 5-2-71

（8）绱领。

① 在挂面上画装领线（图 5-2-69）。

② 将领侧面缝上大身，注意领头顶足驳头处且上领线与原止口驳头处的线呈一条直线，领侧面对位点与衣身上后中心及肩点等对位点对齐（图 5-2-70）。

③ 绱好后观察领角和驳头左右长度都要相等，保证形状一致（图 5-2-71）。

④ 将领面缝上大身夹里，注意领头顶足驳头处且上领线与原止口驳头处的线呈一条直线，领面对位点与衣身夹里肩部缝、背中缝对齐，背中缝夹里多余部分折进中缝（图5-2-72）。

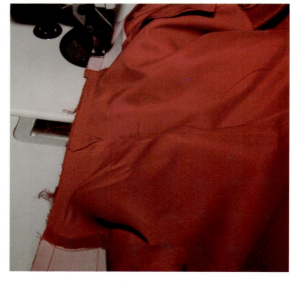

图 5-2-72

⑤ 烫开领面、领里的绱领线，检查领面、领侧面的绱领线是否重合（图 5-2-73）。

⑥ 将领面、领侧面缝份并拢缝住（图 5-2-74）。

⑦ 熨烫、整理领子（图 5-2-75、图 5-2-76）。

（9）拼摆缝（面、里）。

① 缝合前后大身面侧缝，烫开缝份（图 5-2-77）。

② 缝合前后大身里侧缝，折烫缝份，坐势 0.2cm（图 5-2-78）。

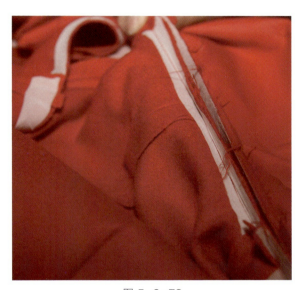

图 5-2-73

图 5-2-74

图 5-2-75

图 5-2-76

图 5-2-77

（10）做袖。

① 缝合袖面胖肚。劈烫袖面胖肚、压烫袖口贴边粘衬（图 5-2-79）。

② 折烫贴边（图 5-2-80），缝合袖面瘪肚，劈烫缝份。

③ 缝合大、小袖夹里，折烫缝份，坐倒 0.2cm（图 5-2-81）。

④ 袖子面翻到反面，保持袖口翻折边，套上同弧度的袖夹里，注意袖夹里与袖面的成对性（图 5-2-82）。

图 5-2-78

图 5-2-79

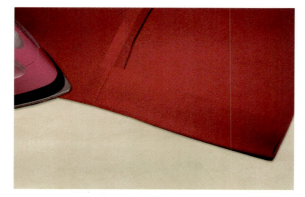

图 5-2-80

图 5-2-81

⑤ 缝合袖口面、里一圈，缝份对缝份，夹里的多余部分折进缝份里（图5-2-83）。

⑥ 折起袖贴边状态下，将贴边缝份与袖面两侧缝份相应处固定（图5-2-84）。

⑦ 袖口折边一折二，夹里稍松粗缝（即将线迹调到最大缝），固定面、里两侧缝份（图5-2-85、图5-2-86）。

⑧ 翻过袖子至正面，整烫袖子，一般在小袖那面整烫，同时将袖口夹里坐势烫好（图5-2-87）。

图 5-2-82

图 5-2-83

图 5-2-84

图 5-2-85

图 5-2-86

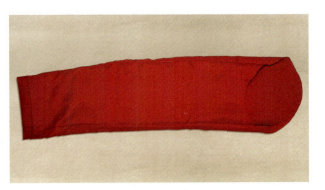

图 5-2-87

（11）绱袖。

① 从前对位点开始假缝袖面与大身面，各对位点对齐，尤其袖顶点与肩缝要对准，袖子与大身的缝份平齐（图 5-2-88）；假缝时前袖窿弧线和后袖窿弧线的吃势均匀，袖顶点的两侧各 1cm 处没有吃势，左右两袖保持对称性（图 5-2-89）。

② 机缝绱袖，拆除手工线，缝份倒向袖身（图 5-2-90）。

③ 装袖拉条（袖拉条可用本色毛料做，也可以用专用袖拉条），在袖子上从前袖窿对位点到后袖窿对位点这段缝上袖拉条（图 5-2-91、图 5-2-92）。

④ 缝袖夹里，对位点对齐，注意不要装扭（图 5-2-93）。

⑤ 在肩缝面、里处用过桥布（可用夹里布做，长度一般为 3～5cm，宽度为 1～2cm）连接（图 5-2-94），车缝固定袖底面、里（图 5-2-95）。

图 5-2-88

图 5-2-89

图 5-2-90

图 5-2-91

图 5-2-92

图 5-2-93

图 5-2-94

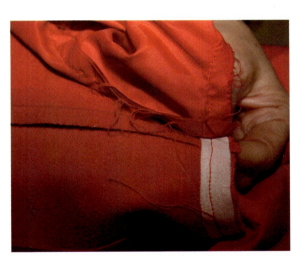

图 5-2-95

（12）缝底摆。

缝底摆时翻面开口可以在底摆的两头、底摆的中间、后背中缝、袖夹里大小袖拼缝等地方选择一处。开口大小视面料厚薄而定，面料厚则开口留大些（8 ~ 10cm），面料薄则开口留小些（6 ~ 8cm）。这里选择底摆的两头开口。

①将夹里翻好，在近挂面3cm处从夹里到面贴边用画粉画一道线，作为翻面开口上夹里的记号（图5-2-96）。

②将夹里整个衣身翻过来，面、里正面相对缝合下摆面里，注意缝份对缝份（图5-2-97、图5-2-98）。

③车缝固定下摆面、里缝份处（图5-2-99）。

④来回针固定侧缝处面、里缝份，翻出面子，烫下摆夹里（图5-2-100）。

图 5-2-96

图 5-2-97

图 5-2-98

图 5-2-99

图 5-2-100

2.4 后整理

（1）手工暗针缲下摆留口处（图 5-2-101）。

（2）锁扣眼（图 5-2-102），钉扣子（图 5-2-103）。

图 5-2-101

图 5-2-102

图 5-2-103

（3）熨烫整理女西服。

反面：用蒸汽熨斗先烫平下摆、袖口，然后烫挂面、全衣身夹里。

正面：

①垫上烫布，将挂面、领面正面朝下将驳折线烫顺直，驳头向外翻出放在烫馒上，按驳头宽度进行熨烫，驳折线不能烫死，保持驳头自然形态，与翻折领衔接顺畅。

② 烫领面、门里襟止口。

③ 在烫馒上烫领圈、肩部及袖窿，使其自然饱满。

④ 烫胸部和口袋，袋盖平直。

⑤ 烫侧缝、后片与下摆。

2.5 工艺要求及评分标准

（1）整体外形美观。（30分）

（2）尺寸规格符合标准与要求。（10分）

（3）翻领、驳头、串口均匀对称、平服顺直，领子自然贴衣身，不倒吐、不翻翘。（20分）

（4）前门襟平服、长短一致。（10分）

（5）两袖左右长短一致、对称、自然前倾，绱袖吃势均匀，袖山圆顺。（10分）

（6）左右袋对称，分割线、侧缝、后缝等面里平服、不起吊。（10分）

（7）里布、挂面等各部位松紧适宜，所有固定位不松散。（5分）

（8）锁眼钉扣等所有手工位置准确，针脚整齐牢固。（5分）

表 5-1　全夹直身裙缝制工艺单

工艺单	2018年10月5日	翻单		年　月　日　责任人
工厂名	品牌名	型号	样板型号	

裁剪前面料请缩绒处理；
各号型的尺寸请再次确认
不明白之处请联系

尺寸	7	9	11	13
裙长				
腰围	70.2	73.2	77.2	81.2
臀围	90.6	93.6	97.6	101.4
腰宽	3	3	3	3
后叉长	20	20	20	20
拉链长	10	10	10	11

名称		处理方法	缝份	缝份宽
后中心	面	平缝√　锁边　平缝　滚边	劈烫√、折烫	
	里	平缝√　锁边　平缝　滚边	劈烫　折烫√	
侧缝	面	平缝√　锁边　平缝　滚边	劈烫√、折烫	
	里	平缝√　锁边　平缝　滚边	劈烫、折烫√	
镶拼	面	平缝√　锁边　平缝　滚边	劈烫√、折烫	
	里	平缝√　锁边　平缝　滚边	劈烫、折烫√	
下摆	面	折贴边√・三折卷　距离面下摆（cm）	劈烫、折烫	
	里	全翻√・三折卷　锁边・拼合	劈烫、折烫	
腰头		对折√・锁边・拼合		

开口	位置：CF	处理方法：拉链
扣眼	17mmX　1　个（圆头锁眼√・平头锁眼）竖・横√	
	mmX　　　个（圆头锁眼・平头锁眼）竖・横√	
菊眼	mmX　　　个（圆头锁眼・平头锁眼）竖・横　　）	
套结	个　位置（　　　　　　）	位置、处理方法

裁剪	穿插排料（可・不可）一方裁剪√
	对格对条（有・无√）它
缝制方法	全夹里√　半夹里・无里・它
线	缝纫线（50）号　　明线（50）号
针迹密度	3cm（13）针　　　3cm（11）针　　用量
	品号　　　尺码
里料	GS1000N
粘衬	SD1514
牵带	5000　　12m/m　15m/m　　1.8M
纽扣	L525　　　　　　　　　　　1+1个
拉链	
吊带	6m/m　　　0.6m

商标位置		粘衬・牵带位置
品质吊牌		
吊带		
洗标		

漏落缝要求正面看不见
反面要求线迹宽窄一致，整齐漂亮

160/64A　1×面前后片－右前里片
160/64A　1×面前后片－左前里片
160/64A　1×里前－裁布草

表5-2 全夹女外套缝制工艺单

工艺单	2018年10月5号	翻单				
工厂名	品牌名	型号				
	品牌名	样板型号				
		年 月 日	责任人			

尺寸表

尺寸		
后中心长	9	
肩宽	57	
	37.3	
腰围	76.8	
臀围一周	91.7	
下摆一周	98.2	
袖长	59	
肘围	31.7	
袖口大	25	
袋口大	13	

裁剪

- 穿插排料（可·不可）√ 一方向裁剪
- 对格对条（有·无）它
- 全夹里√ 半夹里·无里·它

缝制加工方法

- 线
- 缝纫线（50）号
- 明线（50）号
- 针迹密度 3cm（13）针 3cm（11）针
- 辅料 品号 尺码 用量
- 里料
- 粘衬
- 牵带
- 纽扣
- 拉链
- 吊带

缝制处理方法

名称		处理方法	缝份	缝份宽
背缝	面	平缝√ 锁边平缝√ 滚边	剪烫、折烫√	
	里	平缝√ 锁边平缝√ 滚边	剪烫、折烫√	
肩缝	面	平缝√ 锁边平缝√ 滚边	剪烫、折烫√	
	里	平缝√ 锁边平缝√ 滚边	剪烫、折烫√	
侧缝	面	平缝√ 锁边平缝√ 滚边	剪烫、折烫√	
	里	平缝√ 锁边平缝√ 滚边	剪烫、折烫√	
下摆	面	吊带√·三折卷	剪烫、折烫√	
	里	全翻√·三折卷 距离面下摆（cm）	剪烫、折烫√	
装领		缝份倒向（领·身√）		
装袖	面	平缝√ 拷边平缝		
	里	平缝√ 拷边平缝		
袖下缝	面	平缝√ 拷边平缝		
	里	平缝√ 拷边平缝		
开口		与夹里拼缝√ 来去缝 两遍平缝		
挂面		挂面·贴边·拉链		
袋布		平缝√ 1个（圆头锁眼√·平头锁眼）竖·横		
扣眼		25mmX 1个（圆头锁眼·平头锁眼）竖·横		
菊眼		mmX 个（圆头锁眼·平头锁眼）竖·横		
套结		mmX 个 位置（　　　）		

粘衬·牵带位置

位置、处理方法	
商标位置	
品质吊牌	
洗标	

裁剪前面料请缩绒处理；
各号型的尺寸请再次确认
不明白之处请联系